통행배정

Traffic Assignment

통행배정

Traffic Assignment

박태형

숭실대학교 출판부

머리말

신규도로나 교량의 건설, 철도구간의 신설이나 변경을 계획하는 경우, 시설투자 이전과 시설투자 이후 사용자가 경험하게 될 효용에 대한 추정이 요구된다. 그러한 시설을 사용하는 사용자가 경험할 효용은 일반적으로 사용자의 통행시간으로 측정하게 된다. 사용자의 통행시간을 추정하기 위하여 장래에 그 시설을 사용할 사용자들의 규모를 예측하여야 하고, 평균적인 통행량을 계산하여야 한다. 평균적인 통행량이 추정된 후, 평균적인 통행시간이 추정될 수 있다. 통행배정(traffic assignment)은 사용자의 규모가 결정된 후 링크의 평균 통행량을 예측하는 모형이다.

교통수요예측문제에 대한 일반적인 4단계 접근법은 통행의 시작과 도착 지점에 대한 발생 및 도착통행량의 예측, 기종점간 통행분포 결정, 수단선택, 그리고 마지막으로 통행배정 단계로 구성된다. 통행배정모형은 통행수요가 시간에 따라 변화하는가에 따라 정적(static)모형과 동적(dynamic) 모형으로 구분된다. 사용자의 경로선택 행태에 대하여는 사용자가 인지하는 경로비용 함수가 확실한가, 에러확률이 포함되는 가에 따라 확정적(deterministic)모형과 확률적(stochastic)모형으로 나눈다. 통행배정문제는 일반적으로 볼록최적화(convex optimization)문제에 해당하며 비선형계획법 분야의 다양한 알고리즘들이 적용되어 왔다. 또한 통행배정 알고리즘은 네트워크 통행(network flow) 모형과 밀접한 연관을 갖고 있다.

이 책은 숭실대학교 산업정보시스템공학과 대학원에서 저자가 지난 3년간 강의한 노트를 기반으로 작성되었다. 교재로는 Yosef Sheffi의 "Urban Transporation Networks: Equilibrium Analysis with Mathematical Programming Methods, Prentice-Hall, 1985"를 사용하였다. 이 책은 Sheffi의 책에서 소개된 통행배정이론을 요약하고 통행배정과 관련된 최적화이론을 소개하기 위해 작성되었다.

이 책의 구성은 다음과 같다. 1장에서는 통행배정문제를 이해하기 위한 네트워크 및 Wardrop이 제안한 사용자 평형조건(User Equilibrium), 통행배정의 정의에 대하여 소개한다. 2장에서는 3장부터 소개하는 다양한 통행배정 문제들에 필요한 수학적인 정의나 정리, 개념들이 소개되었다. 볼록최적화 문제에 대한 주요한 정의 및 최적조건이 소개되었고, 통행배정 알고리즘들에 자주 사용되는 부수적인 알고리즘들이 소개되었다. 이 중에서 Dijkstra의 최단경로 알고리즘, 반복적 밸런싱 기법과 이차최적화문제에 대한 알고리즘은 이 책의 여러 곳에서 사용된다. 3장은 고정수요 통행배정모형을 소개하고 최적조건 및 Frank-Wolfe 알고리즘을 소개한다. 고정수요통행배정 모형은 모든 통행배정 모형의 기본 프레임을 제공한다. 3장에서는 Frank-Wolfe 알고리즘의 수렴속도를 개선하는 RSD 및 DSD 알고리즘에 대하여 소개한다. 4장에서는 수요가 기종점간 최단통행시간에 따라 변화하는 변동수요 통행배정모형을 소개하고 Frank-Wolfe 알고리즘, 로짓기반 수단선택모형, 확장네트워크 문제로의 변환과정 및 초과수요 네트워크 변환을 소개한다. 5장에서는 통행분포와 통행배정을 통합한 모형에 대한 다양한 알고리즘이 소개되었다. 통행분포 모형에 대한 알고리즘 중 중력모형에 대한 밸런싱 알고리즘은 다양한 교통계획문제에서 응용되는 모형이고, Evans 알고리즘은 변동수요 통행배정이나 통행분포/배정 통합모형을 위한 효과적인 알고리즘이다. 6장에서는 링크통행시간 함수가 벡터함수인 경우, 링크통행시간 함수의 Jacobian 행렬이 대각인 경우와 일반적인 경우에 대한 통행배정 알고리즘을 소개한다. 7장에서는 기종점 수요를 예측하는 엔트로피 기반 최우도추정법과 일반최소자승법, 이중구조 O/D 행렬 추정알고리즘이 소개되었다. 8장부터 10장까지는 사용자가 인지하는 경로통행비용이 확률적 모형을 따를 경우의 통행배정모형에 관한 이론을 소개한다. 8장에서는 이산선택이론의 개요를 소개하고 선택확률에 대한 로짓 및 프로빗 모형에 대하여 소개한다. 9장에서는 링크의 통행비용이 고정된 경우의 확률적 배정에 대하여 소개하고 로짓기반 확률배정 알고리즘인 STOCH 알고리즘과 프로빗 기반 확률배정 알고리즘을 소개한다. 10장에서는 링크통행량이 확률배정에 의해 결정되는 확률통행배정 모형을 소개한다. 확률적사용자평형(Stochastic User Equilibrium, SUE)의 개념을 소개하고 SUE 조건을 만족하는 통행배정을 위한 MSA 알고리즘과 Fisk의 모형을 소개한다. 참고문헌에는 이 책에서 소개한 이론들에 대한 주요 참고문헌을 수록하였다.

이 책에서 소개한 이론들은 통행배정이론의 가장 중요한 알고리즘만 발췌하여 소개한 것이다. 이 책의 구성과 용어는 Sheffi(1985)를 따랐다. 통행배정이론에서 이 책의 범위를 벗어난 내용은 Sheffi(1985), Patriksson(1994) 및 Bell과 Iida(1997)의 책을 참조하여야 한다.

이 책이 출판되기까지 많은 도움을 받았다. 최종원고가 출판되기까지 도움을 주신 숭실대학교 출판부에 먼저 감사를 드린다. 책의 일부를 번역하여 이 책에 포함되는 것을 허락해주신 Yosef Sheffi 교수님과 통행배정문제에 오랜 기간 같이 연구하고 다양한 국내 자료를 제공해주신 국토연구원의 이상건 박사님과 고용석 책임연구원에 감사를 드린다. 마지막으로 항상 옆에서 끊임없는 애정을 베풀어 주는 가족에게 고마움을 표하고 싶다.

연구실에서

저자

차 례

Traffic Assignment

Traffic Assignment

제 1 장

통행배정문제

네트워크는 공간의 지점들을 연결하는 구조이다. 우리 주변의 네트워크는 작게는 전류가 흐르는 회로망에서부터 가스나 수돗물이 흐르는 파이프로 구성된 네트워크, 도시의 철도나 도로 네트워크, 지역을 연결하는 고속철도 네트워크, 국가와 국가를 연결하는 항공네트워크 등을 예로 들 수 있다. 이중 도로나 항공네트워크에서는 공통적으로 지점과 지점사이에서 승객들이 자동차나 철도, 항공기를 이용하여 통행을 하고 있다. 네트워크에서 다양한 개체가 이동하는 것을 분석하는 경우, 공통적인 관심사는 네트워크의 물리적 설비와 이용자의 행태가 네트워크에서 어떻게 상호작용을 하는가이다. 이러한 문제에 관한 기술적(descriptive)모형에서는 이용자의 행태나 통행량을 추정하고, 규범적(normative)모형에서는 네트워크 설비를 어떻게 효율적으로 이용할 지 정책이나 운영방침을 정하고자 한다.

특정한 시점에 특정 도로나 교차로, 지하철을 이용하는 통행량은 네트워크를 이용하는 개개인들의 의사결정에서 비롯된다. 개인의 의사결정은 목적지, 통행수단, 경로, 출발시점 등을 정한다. 이러한 의사결정은 도로네트워크의 혼잡한 정도나 혼잡한 지점을 고려하여 내려진다. 하지만 어느 지점의 혼잡한 정도는 그 지점을 통과하는 통행량에 따라 결정된다. 통행자의 의사결정과 네트워크의 혼잡도간의 상호작용은 결국 네트워크의 각 지점을 통과하는 통행량으로 결정된다. 이 책에서는 이러한 상호작용을 모형 화하여 네트워크의 통행량을 계산한다.

교통시스템을 계획하는 엔지니어의 경우 네트워크상에 새로운 수송시설이 추가될 때 그 효과를 예측할 필요가 있다. 이 경우 새로운 수송시설이 추가된 상황을 수학적인 모형으로 구성하고, 변화된 상황이 도출할 교통량을 추정하여야 한다. 이러한 모형들이 사용하는 입력자료는

1. 도로네트워크와 수송수단, 예를 들어 교차로, 지하철, 철도노선, 도로 등이 포함된다.

2. 도로네트워크 운영 및 관리 정책

3. 통행 수요, 예를 들어 통행목적이나 횟수, 기종점 통행량 등이 포함된다.

모형의 첫 번째 단계는 이러한 입력자료를 사용하여 네트워크의 모든 지점을 통과하는 통행량을 추정하는 일이다. 통행량은 단위시간당 그 지점을 통과하는 통행단위(보행자, 승용차)로 표현된다. 모형분석의 두 번째 단계는 추정된 통행량을 사용하여 다음과 같은 항목들에 대하여 분석한다.

1. 서비스수준, 예를 들어 통행시간, 통행비용 등을 추정

2. 운영특성, 예를 들어 차량운영비용, 에너지 소모량

3. 통행의 부산물, 공해물질의 양이나 토지사용의 변화, 환경에 미치는 영향

4. 사용자나 존의 접근성이나 형평성(equity)

1.1 네트워크

본 절에서는 통행배정모형을 수학적으로 나타내는 데 필요한 개념들을 소개한다. 대부분의 용어는 이해하기 쉬운 평이한 언어로 기술되었다. 정확한 수학적인 정의는 참고문헌에서 참조하여야 한다.

네트워크는 개체 및 개체와 개체들 간의 연결 관계를 표현하는 모형이다. 교통네트워크는 사람과 차량, 물자의 이동을 나타내는 통행네트워크이다. 통행네트워크에서는 통행이 시작하는 출발점(origin, 기점)과 종착점(destination, 종점)이 있고, 이러한 이동은 다수의 연결링크들을 통과하여 목적지에 도착한다. 교통네트워크는 수학적으로 노드 및 링크들의 집합으로 이루어진 그래프(graph)로 모형화할 수 있다. 링크는 노드와 노드사이의 이동을 나타내고, 노드는 공간상의 지점을 나타낸다. 링크는 또한 특정한 교통수단을 의미할 수 있다. 예를 들어 두 노드 사이에 승용차, 버스, 기차가 운행되는 경우 각 수단의 이동을 수단별 링크를 사용하여 나타낼 수 있다. 다수의 링크를 사용하여 출발점에서 도착점까지 이동하는 경우, 이동경로에 포함된 링크들의 집합을 경로(path)라 부른다. 링크는 두 개의 노드를 연결하고 노드에는 다수의 링크가 연결되어 있다. 링크는 방향이 있는 링크(directed link)와 방향이 없는 링크(undirected link)가 있다. 방향이 없는 링크는 두 개의 방향이 있는 링크로 표현이 가능하다. 이 책에서는 항상 방향이 있는 링크만 사용한다.

링크가 갖는 속성들로는 링크의 길이, 링크의 통행비용(간단하게는 통행시간을 의미하고, 일반적으로는 시간과 거리의 조합으로 나타낸다.), 링크의 용량(최대 통행량) 등이 있다. 링크를 통과하는 통행량은 단위시간 당 통과하는 차량이나 사람의 수로 나타낸다. 또한 종류가 다른 차량들이 서로 다른 출발점/도착점을 가지고 동일한 링크를 통과한다.

네트워크에서 이동하는 개체를 품목(commodity)으로 분류하기도 한다. 네트워크 문제에서 이동하는 개체가 한 가지인 모형을 단품목(single commodity)

네트워크 문제로 부르고, 종류가 다른 개체들이 개체별로 상이한 기종점을 갖고 이동하는 네트워크 모형을 다품목(multicommodity) 네트워크 문제로 분류한다. 이동하는 개체는 같은 종류이지만, 기종점이 다른 경우, 기종점에 따라 상이한 품목으로 간주하여 다품목 네트워크 문제로 분류한다. 통행배정모형의 경우, 이동하는 개체가 일반적으로 동일한 종류이지만, 다수의 기종점을 가지므로, 다품목 네트워크 문제에 속한다. 통행배정모형에서는 이동하는 수단(mode)이 한 가지인 모형을 단수단(single mode) 모형으로 분류하고, 이동하는 개체가 승용차, 버스, 트럭, 혹은 지하철과 같이 서로 다른 속성을 갖는 다수의 수단을 포함하는 경우 다수단(multimode) 통행배정모형으로 분류한다.

통행의 기종점은 모형의 상세한 정도에 따라 특정한 건물이 될 수도 있고, 동/구/시/군 등 지역단위를 지칭하는 존(zone)이 되기도 한다. 기종점이 존이 될 경우, 존의 중앙에 가상의 센트로이드(centroid) 노드를 설정하여 존에서 출발하거나 도착하는 통행이 모두 가상의 센트로이드에서 출발/도착한다고 가정한다. 센트로이드는 존의 중앙에 있는 가상노드이므로 실제 네트워크 링크와 센트로이드를 연결하는 가상의 센트로이드 연결링크(centroid connector)를 추가해야 한다. 센트로이드와 같은 가상의 노드 이외의 노드는 일반적으로 도로가 교차하는 교차지점에 해당하는데, 이러한 노드를 내부노드(internal node)로 부른다. 그림 1.1은 3개의 센트로이드, 3개의 센트로이드 연결링크, 5개의 내부노드 및 7개의 링크로 구성된 네트워크를 보여준다.

링크의 통과시간은 링크를 통과하는 교통량의 함수로 나타낼 수 있다. 일반적으로 통행량이 많아지면 통행시간은 증가하고 링크의 용량에 통행량이 거의 근접한 경우, 차량들이 거의 움직일 수 없는 상태에 도달하면, 통행시간은 급속히 증가한다. 이러한 통행량과 통행시간의 관계를 나타내는 수학적인 모형을 링크통행시간함수(link travel time function) 혹은 링크의 통행지체함수(volume delay function, vdf)로 부른다. 도로링크의 경우 통행량은 일반적으로 단위시간당 통과한 승용차의 대수로 나타낸다.

그림 1.1: 네트워크 용어

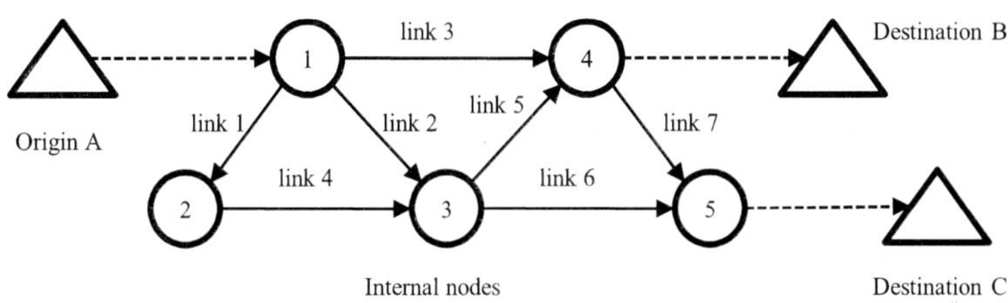

일반적으로 vdf 함수는 다음과 같은 BPR(Bureau of Public Roads) 함수를 널리 사용하는데, 링크통행량이 x_a일 때의 링크통행시간 $t_a(x_a)$는 다음과 같이 정의된다.

$$t_a(x_a) = t_a^0[1 + \alpha(\frac{x_a}{c_a})^\beta] \tag{1.1}$$

여기에서 t_a^0는 링크자유통행시간(분), x_a는 링크통행량(PCU/hr), c_a는 링크용량(PCU/hr), α, β는 양의 값을 갖는 파라미터이다. x_a와 c_a의 단위는 시간당 통과하는 승용차 대수이고 PCU(Passenger Car Unit)를 의미한다. 시간비용에 추가로 링크의 길이가중치를 곱한 비용을 추가하여 일반화비용(generalized cost)으로 정의하기도 한다. 자유통행시간 대신 자유통행속도 $v_a^0(km/hr)$와 링크의 길이 $l_a(km)$를 사용하는 경우, 다음 $t_a(x_a)$의 단위는 분(minute)이 된다.

$$t_a(x_a) = \frac{l_a * 60}{v_a^0}[1 + \alpha(\frac{x_a}{c_a})^\beta] \tag{1.2}$$

위의 vdf 함수의 경우, 통행량이 링크의 용량에 근접한 경우 발생하는 급속한 대기현상을 설명하기 어려운 단점이 있어서 Davidson은 대기행렬이 수식 안에 포함된 다음의 vdf 함수를 제안하였다.

$$t_a(x_a) = t_a^0[1 + J\frac{x_a}{c_a - x_a}]$$

여기에서 J는 모형의 파라미터이고 링크별로 추정을 하여야 한다.

1.2 국내 자료

통행배정모형의 입력자료는 네트워크와 기종점통행수요(Origin-Destination trip matrix, O/D 행렬)로 이루어져있다. 국내의 네트워크 및 O/D 행렬자료에 대한 참고문헌은 국가교통DB센터(http://www.ktdb.go.kr)의 "국가교통DB 최종보고서" 및 "도로·철도 부문사업의 예비타당성조사 표준지침 수정·보완 연구, 제5판, 한국개발연구원, 2008, 12" 자료를 참조한다.

전국 지역간 자료의 존체계는 2006년 12월 말 기준으로 행정구역상 시, 군, 구에 해당하며 1번부터 248번까지 순차적인 번호로 되어있다. 이 중 울릉군(존 226) 및 제주도(존 247, 248)는 도로 및 철도 네트워크에 존 센트로이드가 빠져있다. 2011년 이후 장래연도 O/D에는 행정중심복합도시건설 사업을 반영하여 존 249가 추가되었다. 현재 KTDB자료는 2006년부터 2036년까지 5년 단위로 승객은 수단/목적으로 구분되었고 화물은 존간 수단/톤급/품목별로 구분된 O/D자료로 구성되었다. 승객의 경우 포함된 통행수단은 승용차, 버스, 철도(KTX포함), 항공 및 해운이다. 화물 O/D는 2006년부터 2036년까지 매 5년 단위로 품목별/수단별로 작성되었다. 품목은 33개로 구분되었고, 수단은 톤급별 화물자동차 및 철도, 항공으로 구분되었다.

전국 지역간 O/D에 해당하는 전국 지역간 네트워크는 2006년 12월 말 기준 네트워크로서, 1:5000 GIS 자료를 기반으로 구축되었다. 제공되는 네트워크 자료는 GIS자료를 기반으로 시작노드와 끝노드를 정하고 차선 수, 길이,

최대속도, 도로등급에 대한 정보를 추가하여 상용소프트웨어인 EMME/2 의 입력자료 포맷으로 저장한 ASCII 파일이다.

교통존의 중심점(centroid)은 가능한 한 해당 존의 활동 중심지에 위치하도록 구축되었고, 중심점의 연결링크(centroid connector)는 지방도 및 시군도에 연결하여 구축하였다. 또한 전국 지역간 네트워크는 거의 모든 고속도로 및 국도를 포함하고 있으며 국가지원지방도, 지방도로 상당부분을 포함하고 있다.

수도권자료는 수도권(서울, 인천, 경기도)을 포함한 지역을 1,142개의 교통존으로 세분화하여 2006년부터 2031년까지 5년 단위로 수단/목적별로 구축되었고, 시 지역은 동단위로, 군 지역은 읍면 단위로 구축되었다. 행정구역은 2006년 7월 기준으로 구축되었다.

통행배정에 사용되는 지역간 O/D 및 수도권 O/D의 승객 및 철도자료의 단위는 승객으로 되어있다. 링크의 vdf 함수의 단위는 승용차대수이므로 승객 O/D에 대한 수단별 재차인원 및 승용차환산계수(Passenger Car Equivalent: PCE)가 정의되었다. 전국 지역간 자료의 경우, 승용차의 재차인원은 대존 별로 값이 주어져 있고, 전국평균치는 1.55이다. 또한 버스의 경우, 재차인원은 지역간 통행의 경우 9.98로 정의되었다. 차종별 승용차환산계수는 버스의 경우 16인승미만 소형버스는 1.3, 16인승이상 보통버스는 3.70, 버스평균은 2.13을 제시하였고, 트럭은 소형, 중형, 대형으로 구분하여 환산계수는 1.3, 3.7, 3.8을 각각 제시하였다. 지역 및 수도권 자료에 대한 재차인원에 대하여는 참고문헌 [1] 4장에 수록되었다.

통행배정을 위한 시간단위는 현재 O/D 행렬의 값이 전일 O/D로 되어있으므로, 분석을 수행할 때 전일 O/D를 시간당 O/D로 바꾸어야 한다. 참고문헌[1]에서 권고하는 변환방법은 전일 O/D에 첨두시간이 10시간 지속되고, 비첨두시간이 9시간, 심야시간이 5시간 지속된다고 가정할 때, 전일 O/D의 7%를 첨두시간 시간당 O/D로, 전일 O/D의 2.5%를 비첨두시간 시간당 O/D로 사용한다. 수도권자료의 경우 첨두시간은 4시간, 비첨두시간 16시간, 심야시간은

4시간으로 설정되었고, 집중률은 첨두시간이 8.78%, 비첨두시간이 3.84%로 제시되었다.

KTDB의 도로링크에 대한 vdf 함수는 앞절에서 언급한 BPR함수형태로 도로등급별로 자유통행속도, α, β, 1차로당 용량 및 가중치 값이 표로 정리되었고, 현재 지역간 네트워크의 도로등급은 17가지로 구분되었다. 수도권 네트워크의 vdf 함수는 9가지 도로등급 이외에 고속도로의 램프, 유료도로, 교차로에 대한 개별적인 vdf 함수가 정의되었다. 광역시에 대한 vdf 함수에서는 도로등급을 기본적으로 26단계로 구분하여 BPR 함수의 파라미터를 제공하고 있다. 기본적인 네트워크에 대한 지료이외에 참고문헌 [1]에시는 통행배징 모형을 실제 데이터에 적용할 때 고려할 다양한 지침이 수록되었다.

1.3 통행량 보존

그림 1.2: 4개의 링크로 구성된 네트워크

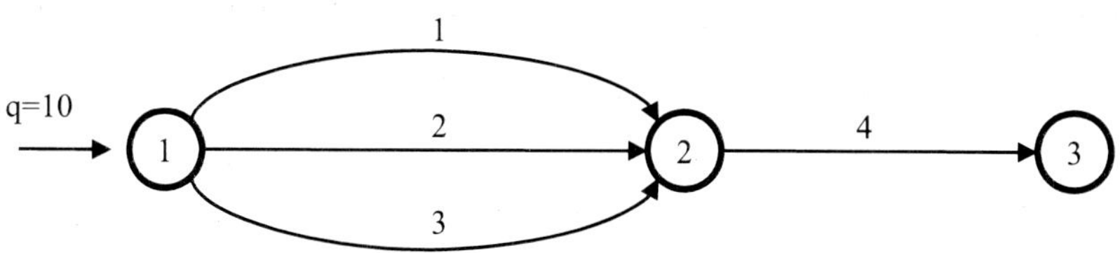

예를 들어 그림 1.2는 출발노드가 노드 1, 도착노드가 3이고 4개의 링크로 이루어진 네트워크를 보여준다. 노드 1에서 노드 3까지 진행하는 모든 경로는 링크 4를 사용하고 총 경로의 수는 3개이다. 경로 1이 링크 1과 4, 경로 2는 링크 2와 4, 경로 3은 링크 3과 4로 이루어졌다고 가정한다. 링크 a의 통행량을 변수 x_a로 표시하고, 경로 k의 통행량은 변수 f_k, O/D 통행량은 변수 $q_{13} = 10$

이라고 표시한다. 모든 경로의 통행량을 합하면 O/D 통행량이 되어야 하므로 $f_1+f_2+f_3=q_{13}$ 가 성립한다. 또한 링크의 통행량은 그 링크를 사용하는 모든 경로들의 통행량의 합이다. 따라서 경로통행량과 O/D 통행량 및 링크통행량 간의 관계를 다음 식으로 나타낼 수 있다.

$$
\begin{aligned}
&q_{13} = f_1 + f_2 + f_3 \\
&x_1 = f_1 \\
&x_2 = f_2 \\
&x_3 = f_3 \\
&x_4 = f_1 + f_2 + f_3 \\
&f_k \geq 0,\ k = 1, 2, 3
\end{aligned}
$$

위 식을 링크 a가 경로 k에 속하는 지 여부를 0-1로 나타내는 incidence 행렬 $\mathbf{\Delta}$를 사용하여 간단하게 표현할 수 있다. 링크 a가 경로 k에 속하는 경우, $\delta_{ak}^{rs}=1$로 표시하고 행렬 $\mathbf{\Delta}$의 a번째 행, k번째 열의 값을 δ_{ak}^{rs}로 적는다.

따라서 통행배정모형의 제약식은 링크통행량 벡터 $x_a, a \in A$, 기종점 (r,s)를 연결하는 경로들의 집합을 P_{rs}로 표시할 때, 경로통행량 f_k^{rs}, $k \in P_{rs}$, 기종점 수요 q_{rs}를 사용하여 다음 식으로 나타낼 수 있다.

$$
\begin{aligned}
\sum_{k \in P_{rs}} f_k^{rs} &= q_{rs} \quad \forall r,\ s \\
f_k^{rs} &\geq 0 \quad \forall k \in P_{rs},\ r,\ s \\
x_a &= \sum_{rs} \sum_{k \in P_{rs}} f_k^{rs} \delta_{ak}^{rs} \quad \forall a
\end{aligned}
$$

경로 k가 P_{rs}에 속할 경우 $\lambda_k^{rs}=1$로 나타내고, incidence 행렬 $\mathbf{\Lambda}=(\lambda_k^{rs})$인

경우, 이 식을 행렬과 벡터를 사용하여 다음과 같이 나타낼 수 있다.

$$\mathbf{q} = \mathbf{\Lambda f} \tag{1.3a}$$

$$\mathbf{x} = \mathbf{\Delta f} \tag{1.3b}$$

$$\mathbf{f} \geq \mathbf{0} \tag{1.3c}$$

이 책에서는 (1.3)을 만족하는 링크통행량들의 집합을 Ω로 표시한다. 따라서

$$\Omega = \{\mathbf{x} | \mathbf{q} = \mathbf{\Lambda f}, \mathbf{x} = \mathbf{\Delta f}, \mathbf{f} \geq \mathbf{0}\}$$

예를 들어 그림 1.2의 경우, $\mathbf{q} = q_{13}$이고,

$$\mathbf{\Lambda} = \begin{pmatrix} 1 & 1 & 1 \end{pmatrix}, \mathbf{\Delta} = \begin{pmatrix} 1 & 0 & 0 \\ 0 & 1 & 0 \\ 0 & 0 & 1 \\ 1 & 1 & 1 \end{pmatrix}, \mathbf{x} = \begin{pmatrix} x_1 \\ x_2 \\ x_3 \\ x_4 \end{pmatrix}, \mathbf{f} = \begin{pmatrix} f_1 \\ f_2 \\ f_3 \end{pmatrix}$$

1.4 통행배정모형

통행배정문제는 기종점별 통행수요가 네트워크에 배정될 때 링크에 부하되는 교통량을 계산하는 문제이다. 기종점 O/D를 1일 자료나 첨두/비첨두 시간대로 구분하여 기종점 O/D의 변화가 없는 안정된 상태에 있다고 가정하는 경우, 정적인 모형(static model)으로 분류하고, 시간대별 기종점 O/D가 변화한다고 가정하고 링크에 부과되는 통행량이 시간에 따라 변화하는 경우 동적인 모형(dynamic model)으로 부른다. 또한 네트워크배정의 기준이 사용자의 통행시간 혹은 시스템전체의 통행시간을 단축하는가에 따라 사용자평형 통행배정(user equilibrium traffic assignment)과 시스템최적 통행배정(system optimal traffic assignment) 문제로 구분한다.

교통수요추정방법은 일반적으로 통행발생(traffic generation), 통행분포(traffic distribution), 수단선택(mode choide), 통행배정(traffic assignment)의 4단계 모형을 널리 사용한다. 통행발생은 각 교통존에서 발생하는 통행량 및 도착하는 통행량을 추정하는 단계이다. 통행분포는 통행발생에서 추정한 존별 발생/도착 총 통행량을 교통존간 통행량으로 배분하는 단계이다. 세 번째 단계인 수단선택에서는 교통존간 O/D자료를 이용자가 선택가능한 수단별로 세분화하는 단계로써, 대표적인 수단으로는 승용차, 버스, 철도, 항공, 선박 등이 포함된다. 마지막 단계인 통행배정에서는 수단별 O/D 자료를 대상지역 내 교통망에 배정(assignment)하는 단계로써, 전량통행배정방법(all-or-nothing loading), 용량제약 통행배정방법(capacitated traffic assignment), 확률적 통행배정모형(stochastic traffic assignment) 및 평형통행배정(equilibrium traffic assignment) 모형으로 나눌 수 있다.

전량통행배정 방식에서는 링크 비용이 주어진 경우, 기종점별 최단경로에 그 기종점의 모든 통행수요가 배정되고 최단경로 이외의 경로에는 일체 배정되지 않는다. 일반적으로 통행배정모형의 초기해를 구하거나 보조링크통행량을 계산하는데 사용된다. 확률적 통행배정 모형은 이용자의 경로선택확률이 기종점을 연결하는 경로별 통행효용에 비례하여 기종점 수요가 경로에 분산되는 방식을 사용하는데, 이용자의 인지경로통행비용(perceived path cost)이 시스템적 요소(systematic component) 및 에러 요소로 구성되어 있다고 가정한다. 이용자는 인지경로통행효용이 가장 큰 경로를 선택한다고 가정한다. 인지에러의 모형으로 로짓 및 프로빗 모형을 널리 사용한다. 일반적으로 경로선택확률은 이산선택이론(discrete choice theory)을 사용하여 모형화한다.

사용자평형원칙

Wardrop(1952)은 네트워크에 통행을 배정하는 두 가지 원칙을 제안하였다. 여기에서 통행시간은 일반화된 통행비용에 해당한다.

정의 1 (Wardrop의 첫 번째 조건)**.** 사용한 모든 경로의 통행시간은 동일하고 사용되지 않은 경로를 통행하는 차량이 경험하는 통행시간보다 작거나 같다.

즉 혼잡한 네트워크를 사용하는 통행자의 경우 자신이 경험하는 통행시간이 가장 작은 경로를 선택한다는 통행자의 합리적인 행태를 가정하였다. 따라서 이 조건을 사용자최적 원칙(user optimum principle) 혹은 사용자평형원칙(user equilibrium principle) 조건으로 부른다.

정의 2 (Wardrop의 두 번째 조건)**.** 네트워크의 모든 사용자가 경험하는 통행시간의 합은 최소이다.

Wardrop의 두 번째 조건은 사용자들이 경험하는 통행시간을 모두 합하면 그 값이 최소가 되어야 한다는 조건이다. 두 번째 조건은 일반적으로 시스템최적 원칙(system optimum principle) 조건으로 부른다.

그림 1.3: 단순한 네트워크

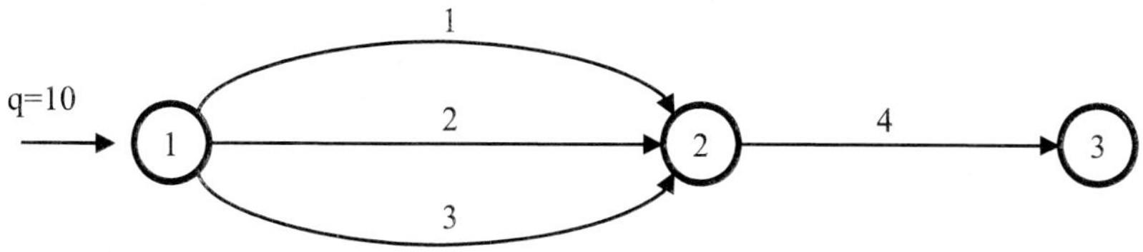

그림 1.3에 나타난 네트워크에 대한 사용자평형을 고려하자. 4개 링크의 통행시간함수가

$$t_1 = 2 + x_1$$
$$t_2 = 1 + 2x_2$$
$$t_3 = 2 + 2x_3$$
$$t_4 = 3 + x_4$$

로 주어졌다고 가정하자. 이 네트워크의 유일한 O/D 가 $(1, 3)$이고 통행량수요 $q_{13} = 10$이므로 링크 $x_4^* = 10$이 되고 평형상태의 통행시간 $t_4^* = 3 + 10 = 13$이다. 3개의 경로 모두가 사용되는 경우, 3개의 경로통행비용이 모두 같아야 하므로 평형상태에서

$$t_1 = t_2 = t_3$$
$$2 + x_1 = 1 + 2x_2 = 2 + 2x_3$$
$$x_1 + x_2 + x_3 = 10$$

따라서 이 연립방정식을 풀면, $x_1^* = 19/4, x_2^* = 23/8, x_3^* = 19/8$가 성립한다. 이 경우, 모든 경로의 통행시간은 27/4 + 13 = 19 3/4가 된다.

이 문제에 대하여 시스템최적 평형조건의 목적함수를 계산하면, 시스템최적 평형조건은 사용자의 총통행시간의 합을 최소화하므로, 최소화하려는 목적함수는

$$\sum_{i=1}^{4} t_i(x_i)x_i = (2 + x_1)x_1 + (1 + 2x_2)x_2 + (2 + 2x_3)x_3 + (3 + 4x_4)x_4 \quad (1.4)$$

이고 제약식은

$$x_1 + x_2 + x_3 = 10 \tag{1.5a}$$

$$x_4 = 10 \tag{1.5b}$$

$$x_i \geq 0,\ i = 1, 2, 3, 4 \tag{1.5c}$$

제약식 (1.5)를 만족하고 (1.4)를 최소화는 링크통행량은 $x_1 = 4.875, x_2 = 2.6875, x_3 = 2.4375, x_4 = 10$으로 주어진다. 이 경우 경로 $1 \to 4$의 통행비용은 19.875, $2 \to 4$의 비용은 19.375, $3 \to 4$의 비용은 19.875가 된다. 따라서 사용자평형과 달리 사용된 경로의 비용이 다른 값을 갖는다. 사용자평형을 만족하는 링크통행량을 식 (1.4)에 대입한 경우의 총통행시간이 197.5인데 반해, 시스템최적인 경우 총통행시간은 197.4062로 감소한다. 이러한 간단한 네트워크의 경우 시스템최적비용과 사용자평형비용의 차이가 적지만, 일반적인 대규모네트워크에서는 두 비용 간에 현격한 차이를 보인다.

제 2 장

수학적 배경

2.1 그래프

교통네트워크를 모형화하는데 널리 사용되는 그래프(graph) G는 노드들의 집합 V와 링크(link) 혹은 아크(arc)들의 집합 A로 구성되어 있고 보통 $G = (V, A)$로 나타낸다. 링크들의 집합 $A \subseteq V \times V$이다. 링크 (i, j)가 주어진 경우, 링크의 시작 노드 i를 링크의 tail 노드, 링크의 도착노드 j를 head 노드라 부른다. 교통

그림 2.1: 노드와 링크

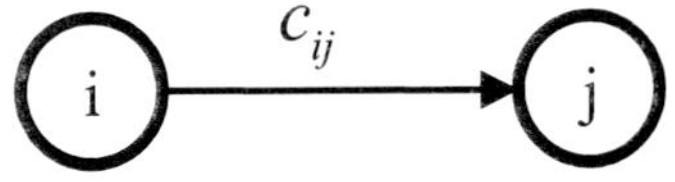

네트워크를 그래프를 사용하여 모형화하는 경우, 노드는 도로들의 교차점이나 센트로이드를 나타낸다. 링크는 교차점과 교차점 사이의 구간이나 센트로이드 연결링크 혹은 환승이나 차량에서의 승차, 보행하는 구간 등을 나타낸다. 이러한 구간들은 일반적으로 통행시간이나 구간의 용량 등이 추가로 주어지므로, 그래프에서도 링크에 추가적으로 링크의 길이나 용량, 통행시간 등을 표시한다. 그림 2.1은 링크 (i, j)와 추가적으로 링크의 비용 c_{ij}를 링크 위에 표시하였다. 링크에 방향이 있는 그래프를 방향이 있는 그래프(directed graph), 방향이 없는 경우에는 방향이 없는 그래프(undirected graph)라 부른다. 교통네트워크 모형에서는 일반적으로 방향이 있는 그래프를 사용한다.

그림 2.2: 방향이 있는 그래프

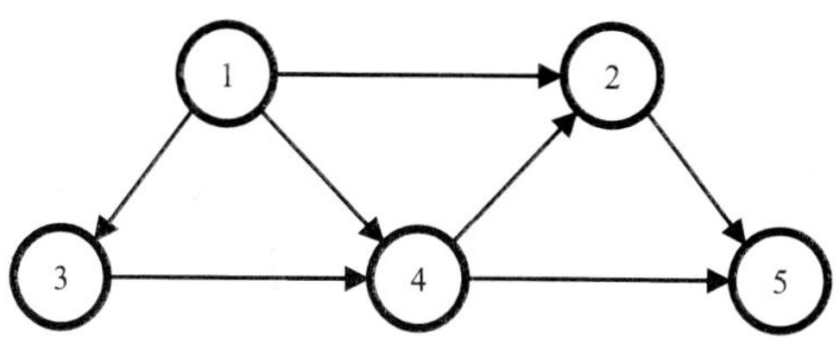

그림 2.2는 5개의 노드, 7개의 링크로 구성된 방향이 있는 그래프이다. 그림에서 링크 $(1, 2)$의 경우 노드 1은 링크 $(1, 2)$의 tail 노드, 노드 2는 링크 $(1, 2)$의 head 노드이다. 또한 노드 1을 tail 노드로 둔 링크 $(1, 2)$, $(1, 3)$, $(1, 4)$를 노드 1의 forward star로 부르고, 노드 2로 들어오는 링크들 $(1, 2)$, $(4, 2)$를 노드 2의 backward star로 부른다. 이 책에서는 노드 i의 forward star를 $\delta^+(i)$, backward star는 $\delta^-(i)$로 표시한다. 위 그림에서 $\delta^+(1) = \{(1, 2), (1, 3), (1, 4)\}$는 노드 1의 forward star를 나타내고, $\delta^-(2) = \{(1, 2), (4, 2)\}$는 노드 2의 backward star를 나타낸다.

그림 2.2의 방향이 있는 그래프를 $|N| \times |A|$ 노드-링크 incidence 행렬로 나타내면 그림 2.3과 같다. 노드-링크 incidence 행렬에서는 링크 $l = (i, j)$인 경우, 링크 l이 행렬의 l번째 열이고, $a_{il} = 1$, $a_{jl} = -1$로 나타낸다.

그림 2.3: 그림 2.2의 노드-링크 incidence 행렬

	(1,2)	(1,3)	(1,4)	(2,5)	(3,4)	(4,2)	(4,5)
1	1	1	1	0	0	0	0
2	-1	0	0	1	0	-1	0
3	0	-1	0	0	1	0	0
4	0	0	-1	0	-1	1	1
5	0	0	0	-1	0	0	-1

컴퓨터 프로그램에서는 방향이 있는 그래프는 일반적으로 forward star형태로 나타낸다. 그림 2.4에서는 링크드리스트(linked list)를 사용하여 그림 2.2의 그래프를 forward star형태로 표현한 예이다. 예를 들어 노드 1에서 출발하는 링크들은 링크 $(1, 2)$, $(1, 3)$ 및 $(1, 4)$가 노드 1의 forward star이다. 노드 5를 tail 노드로 하는 링크가 없으므로, 링크드리스트(linked list)안에는 NIL 포인터(pointer)값이 들어있다.

그림 2.4: 링크드리스트의 구조

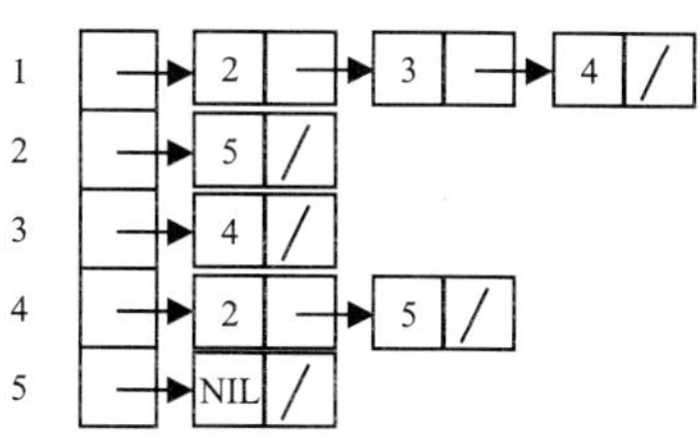

방향이 있는 그래프의 노드 i와 노드 j를 연결하는 링크 (i, j)에 거리 c_{ij}가 있는 경우, 특정한 노드에서 모든 나머지 노드까지의 최단경로를 찾는 문제를 최단경로문제(shortest path problem)라고 한다. 여기에서 경로의 거리는 경로를 구성하는 링크들의 거리들의 합으로 나타낸다. 즉 경로 $p = \{(i_0, i_1),\ (i_1, i_2),\ \ldots,\ (i_{k-1}, i_k)\}$인 경우, $\sum_{j=1}^{k} c_{i_{j-1}, i_j}$가 경로 p의 길이이다. 예를 들어 그림 2.5에서 노드 1과 노드 5까지의 경로가 $\{(1,4),\ (4,2),\ (2,5)\}$로 주어지는 경우, 경로의 길이는 $1 + 2 + 4 = 7$이 된다. 링크드리스트 구조 대신에 배열(array)

그림 2.5: 링크비용이 추가된 방향그래프

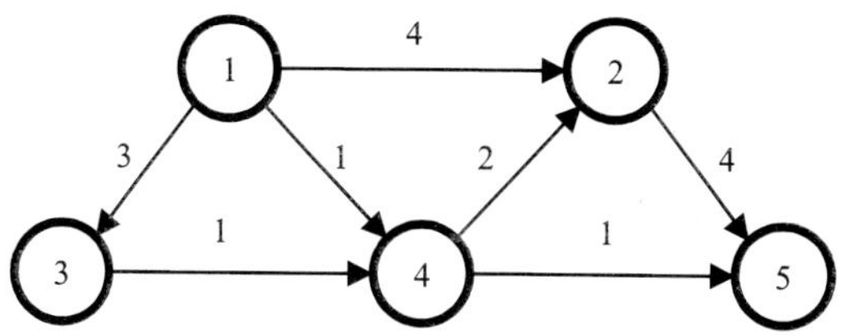

자료구조를 사용하여 forward star형태를 저장하기도 한다. 그래프 $G = (V, A)$의 $|V| = n$, $|A| = m$인 경우, n-벡터 A, m-벡터 ND, m-벡터 LNGTH를 사용하여 위의 forward star를 나타낼 수 있다. 예를 들어 그림 2.6에서 각 배열의 index

그림 2.6: 배열을 이용한 forward star

A	ND	C
A[0]=0	ND[0]=2	C[0]=4
A[1]=3	ND[1]=3	C[1]=3
A[2]=4	ND[2]=4	C[2]=1
A[3]=5	ND[3]=5	C[3]=4
A[4]=-1	ND[4]=4	C[4]=1
	ND[5]=2	C[5]=2
	ND[6]=5	C[6]=1

는 0부터 시작한다. 따라서 A[0]=0 및 A[1]=3 인 경우 노드 0이 tail이 되는 링크가 링크번호 0, 1, 2가 됨을 나타낸다. ND[0]부터 ND[2]에는 링크번호 0, 1, 2의 head 노드번호가 저장된다. C[0]=4 는 링크 (0,2)의 비용이 4임을 의미한다. 따라서 위의 배열을 사용해서 저장한 네트워크는 그림 2.4와 동일하다.

Dijkstra 알고리즘

위의 자료구조를 이용한 Dijkstra 알고리즘을 소개한다. Dijkstra 알고리즘은 링크의 비용 $c_{ij} \geq 0$인 경우 출발노드 s로 부터 다른 모든 노드에 대한 최단경로를 계산하는 효율적인 알고리즘이다. 다음 알고리즘에서 d_i는 출발노드 s에서 노드 i까지의 거리를 저장하고, p_i는 노드 s와 노드 i를 연결하는 최단경로에서 노드 i의 선행노드(predecessor)를 저장한다. 노드들의 집합 Q는 scan할 노드들을 저장하는 집합이고 알고리즘이 시작할 때는 출발노드인 노드 s가 Q에 속한 유일한 노드이다. 알고리즘의 초기에는 출발노드 s의 $d_s = 0$, $p_s = NIL$, 나머지 모든 노드들은 $d_i = \infty$, $p_i = NIL$로 정한다.

Dijkstra 알고리즘의 핵심은 단계 3에서의 forward star를 scan하는 과정이다. scan하는 과정은 만약에 링크 (i, j)가 노드 i의 forward star에 속한 링크이고, 노드 j의 현재 최단거리인 $d_j > d_i + c_{ij}$인 경우, $d_j = d_i + c_{ij}$, $p_j = i$로 수정한다.

Dijkstra 알고리즘의 특징은 Q에서 노드 i를 꺼내는 시점에서 노드 s에서 노드 i까지의 저장된 경로는 최적경로이다. 따라서 $d_j > d_i + c_{ij}$를 만족하는 노드 j들은 반드시 $V - Q$에 속한다. scan할 잠정노드들을 저장하는 Q는 일반적으로 priority queue 자료구조를 사용하여 저장한다.

단계 1 (초기화). 출발노드 s에 대하여 $d_s = 0$, $p_s = NIL$, 나머지 노드들은 $d_i = \infty$, $p_i = NIL$로 한다. scan가능한 집합 $Q = \{s\}$.

단계 2. 만약에 $Q = \emptyset$인 경우, 알고리즘을 종료한다. 그렇지 않은 경우 Q에서 d_i값이 가장 작은 노드 i를 꺼낸다.

단계 3. 노드 i의 forward star를 scan한다. 즉 모든 $(i, j) \in \delta^+(i)$에 대하여 $d_j > d_i + c_{ij}$이면, $d_j = d_i + c_{ij}$, $p_j = i$로 정하고 $j \notin Q$인 경우, 노드 j를 Q 에 집어넣고 단계 2로 돌아간다.

2.2 용어 정의

다음에서는 통행배정모형을 이해하기 위한 수학적인 용어 및 최적화 알고리즘을 간략하게 소개한다.

정의 3. $0 \leq \alpha \leq 1$ 일 때, 두 벡터 $x, y \in R^n$의 볼록조합(convex combination)은 $(1-\alpha)x + \alpha y$로 나타낸다. 두 점간의 모든 볼록조합이 그 집합에 다시 속하는 경우, 그 집합을 볼록(convex)집합이라 부른다.

정의 4. 집합 $S = \{x_1, x_2, \ldots, x_K\}$인 경우 집합 S의 convex hull은 S를 포함하는 가장 작은 볼록집합이고, conv(S)로 표시한다. conv(S)는 다음과 같이 주어진다.

$$\text{conv}(S) = \sum_{i=1}^{K} \lambda_i x_i,\ \sum_{i=1}^{K} \lambda_i = 1,\ \lambda_i \geq 0,\ i = 1, \ldots, K \tag{2.1}$$

즉, conv(S)는 S에 속하는 모든 점들의 볼록조합이다.

집합 S_1와 S_2가 볼록집합인 경우 $S_1 \cap S_2$도 볼록집합이다. 집합 $S_1, S_2, \ldots$가 볼록집합인 경우 $\cap_{i=1}^{\infty} S_i$도 볼록집합이다.

정의 5. 함수 $f : S \subseteq R^n \to R$가 다음 조건을 만족하는 경우, 함수 f는 집합 S에서 정의되는 볼록(convex)함수이다. 여기에서 집합 S는 함수 f의 정의역(domain)이고, 아래에서 함수 f의 정의역을 $Dom(f)$로 표시한다.

$$f(\alpha x + (1-\alpha)y) \leq \alpha f(x) + (1-\alpha) f(y), \quad \forall \alpha \in [0,1] \text{ and } x, y \in S$$

함수 $f : S \subseteq R^n \to R$가 볼록함수인 경우, 집합

$$\{x \in R^n | f(x) \leq \alpha\}$$

을 $\alpha-$sublevel 집합으로 부른다. f가 볼록함수인 경우 $\alpha-$sublevel 집합은 볼록집합이다. 이 책에서 고려하는 최적화문제의 제약식은 일반적으로 볼록함수를 이용하여 정의되었고 제약식을 만족하는 가능해는 여러 개의 sublevel 집합들의 교집합 혹은 선형등식을 만족하는 affine 집합과 볼록집합의 교집합으로 정의된다. 볼록집합과 볼록함수에 대하여는 Bazaraa, Jarvis, Sherali(1993)과 Boyd와 Vandenberghe(2004)를 참조한다.

정의 6. $-f(x)$가 볼록함수인 경우, $f(x)$는 오목(concave) 함수이다. 또는 오목함수는 다음 식을 만족한다.

$$f(\alpha x + (1-\alpha)y) \geq \alpha f(x) + (1-\alpha)f(y), \quad \forall \alpha \in [0,1] \text{ and } x, y \in S$$

벡터와 행렬, 전치행렬(matrix transpose), 대각(diagonal) 행렬, 대칭(symmetric) 행렬 등에 대하여는 선형대수 교과서를 참조한다.

정의 7. $n \times n$ 대칭행렬(symmetric matrix) H가 모든 $x \in R^n$에 대하여 $x^T Hx \geq 0$를 만족하면 H를 양의 준정부호(positive semidefinite) 행렬이라고 부른다. 또한 모든 $x \in R^n, x \neq 0$에 대하여 $x^T Hx > 0$인 경우 $n \times n$ 대칭행렬 H를 양의 정부호(positive definite) 행렬이라고 부른다.

정리 1. 다음 조건은 대칭 행렬 A가 양의 정부호행렬이 되기 위한 조건이다.

1. A의 모든 고유치(eigenvalue) $\lambda_i > 0$.

2. A의 모든 principal 부행렬의 행렬식(determinant) 값은 양의 값을 갖는다.

3. 모든 행에 대하여 $a_{ii} \gg a_{ij}$ $j \neq i$.

여기에서 $n \times n$ 행렬의 k번째 principal 부행렬은 처음 k행과 처음 k열에 해당하는 $k \times k$ 부행렬을 의미한다. 3번째 조건은 모든 행에서 대각(diagonal) 요소가 가장 큰 값을 갖고 있음을 의미한다.

정의 8. 함수 $f(x) : R^n \to R$의 일차미분(gradient) 벡터 $\nabla f(x) : R^n \to R$은 $n \times 1$ 열벡터(column vector) $(\frac{\partial f(x)}{\partial x_1}, \ldots, \frac{\partial f(x)}{\partial x_n})^T$로 정의한다.

정의 9. 벡터함수 $F(x) = (f_1(x), \ldots, f_m(x)) : R^n \rightarrow R^m$의 Jacobian 행렬 $\nabla F(x) : R^n \rightarrow R^m$은 다음과 같은 $m \times n$ 행렬로 정의한다.

$$\nabla F(x) = \begin{pmatrix} \frac{\partial f_1(x)}{\partial x_1} & \cdots & \frac{\partial f_1(x)}{\partial x_n} \\ \vdots & \vdots & \vdots \\ \frac{\partial f_m(x)}{\partial x_1} & \cdots & \frac{\partial f_m(x)}{\partial x_n} \end{pmatrix}$$

정의 10. 미분가능한 함수 $f(x) : R^n \rightarrow R$의 x에서의 Hessian 행렬 $H(x)$는 다음과 같은 대칭 $n \times n$ 행렬로 정의한다.

$$H(x) = \begin{pmatrix} \frac{\partial^2 f(x)}{\partial x_1^2} & \cdots & \frac{\partial^2 f(x)}{\partial x_1 \partial x_n} \\ \vdots & \vdots & \vdots \\ \frac{\partial^2 f(x)}{\partial x_n \partial x_1} & \cdots & \frac{\partial^2 f(x)}{\partial x_n^2} \end{pmatrix}$$

정의 11. 미분가능한 함수 $f : \mathrm{Dom}(f) \rightarrow R$은 다음 조건을 만족하면 단조(monotone) 함수이다.

$$(f(x) - f(y))^T (x - y) \geq 0 \quad \forall x, y \in \mathrm{Dom}(f)$$

위 식의 부등호가 $>$ 로 성립하는 경우, f는 순단조(strictly monotone) 함수이다.

정리 2. 모든 $x, y \in S \subseteq R^n$에 대하여, 미분가능한 볼록함수 f는 다음 식을 만족한다.

$$f(y) \geq f(x) + \nabla f(x)^T (y - x) \quad \forall x, y \in S$$

미분가능한(differentiable) 함수 f가 볼록함수인 조건은 다음과 같다.

정리 3. 미분가능한 함수 $f(x) : S \subseteq R^n \rightarrow R$가 다음 조건을 만족하면 볼록

함수이다.

$$(x-y)^T(\nabla f(x) - \nabla f(y)) \geq 0 \quad \forall x, y \in S$$

따라서 함수 $f(x)$가 볼록함수인 경우, 일차미분 $\nabla f(x)$는 단조함수이다.

이 책에서 고려하는 최적화문제의 제약식들은 모두 다수의 볼록집합의 교집합형태로 주어진다. 제약식을 만족하는 벡터를 가능해(feasible solution), 제약식을 만족하는 모든 가능해들의 집합을 가능해집합(feasible set)으로 일반적으로 부른다. 볼록집합의 교집합이 항상 볼록집합이므로 이 책에서 고려하는 모든 최적화문제들의 가능해집합은 볼록집합이다. 최적화문제의 목적함수가 볼록함수이고, 제약식을 만족하는 가능해들의 집합이 볼록집합인 최소화문제를 볼록최적화(convex optimization) 문제로 부른다. 제약식이 볼록집합이고 목적함수가 오목함수인 경우, 극대화문제는 목적함수에 -1을 곱하여 목적함수를 볼록함수를 최소화하는 문제로 바꿀 수 있으므로, 볼록최적화문제이다.

정리 4. 목적함수 $f(x)$는 볼록함수이고, 가능해들의 집합 S가 볼록집합인 경우, 볼록최적화문제 $\text{Min}\{f(x)|x \in S\}$에서 최적해 x는 다음 최적조건을 만족한다.

$$\nabla f(x)^T(y-x) \geq 0 \quad \forall y \in S \tag{2.2}$$

정리 5. 다음은 볼록함수의 중요한 성질이다.

(a) 볼록함수 $f(x)$의 경우 α-sublevel 집합

$$F_\alpha = \{x|f(x) \leq \alpha\}$$

는 볼록집합이다.

(b) 볼록함수 $f(x)$의 Hessian 행렬은 양의 준정부호(positive semidefinite) 이다.

(c) 순볼록(strictly convex) 함수 $f(x)$의 Hessian 행렬은 양의 정부호행렬이다.

(d) $f_1(x)$와 $f_2(x)$가 볼록함수인 경우, $\max\{f_1(x), f_2(x)\}$는 볼록함수이다.

(e) $f(x)$가 확률변수 X의 확률밀도함수인 경우, X의 기대치(expected value) $E(X) = \int xf(x)dx$는 볼록함수이다.

(f) $\log \sum_{i=1}^{n} e^{x_i}$는 볼록함수로 log-sum-exp 함수로 부른다.

정의 12. 함수 $F = (f_1, \ldots, f_n)$이고 $f_i : K \subseteq R^n \to R$, $i = 1, \ldots, n$로 정의될 때, F를 벡터함수(vector field)라 부른다. 함수 $f_i(x) : R^n \to R$은 scalar field 혹은 실수값(real-valued) 함수라고 한다. 다음 세 가지 정의는 연속(continuous) 벡터함수 F가 monotone, strict monotone, 혹은 strong monotone 함수가 되기 위한 조건들이다.

(a) (Monotonicity)

$$[F(x^1) - F(x^2)]^T \cdot (x^1 - x^2) \geq 0 \quad \forall x^1, x^2 \in K$$

(b) (Strict Monotonicity)

$$[F(x^1) - F(x^2)]^T \cdot (x^1 - x^2) > 0 \quad \forall x^1, x^2 \in K, x^1 \neq x^2$$

(c) (Strong Monotonicity)

$$[F(x^1) - F(x^2)]^T \cdot (x^1 - x^2) \geq \alpha \|x^1 - x^2\|^2, \quad \forall x^1, x^2 \in K$$

정의 13. 변동부등식(variational inequality) 문제는 다음 조건을 만족하는 벡터 $x^* \in K \subseteq R^n$를 찾는 문제이다.

$$F(x^*)^T \cdot (x - x^*) \geq 0 \quad \forall x \in K$$

여기에서 $F : K \subseteq R^n \to R^n$는 연속함수이고 K는 closed 볼록집합이다.

다음 두 정리는 변동부등식의 최적해와 연관된 최적화문제의 최적해간의 관계를 보여준다.

정리 6. 함수 $f : K \subset R^n \to R$ 이 연속함수이고, K가 closed 볼록집합이다. 최적화문제

$$\text{Minimize } f(x)$$
$$\text{subject to} x \in K$$

의 해가 x^*인 경우, x^*는 다음 변동부등식 문제의 해이다.

$$\nabla f(x^*)^T \cdot (x - x^*) \geq 0 \quad \forall x \in K$$

정리 7. $F : K \subseteq R^n \to R^n$ 은 continuous vector field이고, Jacobian

$$\nabla F(x) = \begin{pmatrix} \frac{\partial F_1}{\partial x_1} & \cdots & \frac{\partial F_1}{\partial x_n} \\ \vdots & & \vdots \\ \frac{\partial F_n}{\partial x_1} & \cdots & \frac{\partial F_n}{\partial x_n} \end{pmatrix}$$

가 대칭이고 양의 정부호 행렬이다. 이 경우 다음 조건을 만족하는 볼록함수 $f : K \to R$가 존재하고

$$\nabla f(x) = F(x)$$

변동부등식 문제

$$F(x^*)^T \cdot (x - x^*) \geq 0 \quad \forall x \in K$$

의 최적해 x^*는 다음 최적화문제의 해이다.

$$\text{Minimize } f(x)$$
$$\text{subject to } x \in K$$

2.3 확률

정의 14 (우도함수). n개의 확률변수 $X_1, X_2, \ldots, X_n$의 우도함수(likelihood function)는 모수 θ의 함수인 n 확률변수의 결합밀도함수(joint density function) $f_{X_1,\ldots,X_n}(x_1, \ldots, x_n; \theta)$로 정의한다. $x_1, \ldots, x_n$이 확률변수 $X_1, \ldots, X_n$의 샘플인 경우 우도함수는 $f(x_1;\theta)f(x_2;\theta)\cdots f(x_n;\theta)$이다. 즉 모수가 θ일 때 샘플이 관측될 확률들의 곱에 해당한다.

정의 15 (최우도 추정치). $L(\theta) = L(\theta; x_1, \ldots, x_n)$가 확률변수 $X_1, \ldots, X_n$의 우도함수이다. $\hat{\theta}$가 우도함수 $L(\theta)$를 극대화하는 모수인 경우 $\hat{\theta}$는 θ의 최우도추정치(maximum likelihood estimator) 이다.

확률변수 X가 평균 μ, 분산 σ^2인 정규분포를 할 때, 확률밀도함수는

$$f_X(x) = \frac{1}{\sqrt{2\pi}\sigma} e^{-\frac{(x-\mu)^2}{\sigma^2}}, \quad -\infty < x < \infty$$

로 주어지고, 이를 간단하게 $X \backsim N(\mu, \sigma^2)$로 표시한다.

벡터 $X = (x_1, \ldots, x_K)$가 평균 $\mu = (\mu_1, \ldots, \mu_K)$, 공분산행렬

$$\mathbf{\Sigma} = \begin{pmatrix} \sigma_1^2 & \sigma_{12} & \cdots & \sigma_{1K} \\ \sigma_{21} & & & \\ \vdots & & & \vdots \\ \sigma_{K1} & & \cdots & \sigma_K^2 \end{pmatrix}$$

를 갖는 다항정규분포(multivariate normal distribution, MVN)를 하는 경우, 확률밀도함수는

$$f_X(\mathbf{x}) = (2\pi|\mathbf{\Sigma}|)^{K/2} \exp[-\frac{1}{2}(\mathbf{x} - \mu)\mathbf{\Sigma}^{-1}(\mathbf{x} - \mu)^T]$$

로 주어진다. 여기에서 $|\mathbf{\Sigma}|$는 행렬 $\mathbf{\Sigma}$의 행렬식(determinant)이다. 위 정의는 간단하게

$$\mathbf{X} \backsim MVN(\mu, \mathbf{\Sigma})$$

로 나타낸다. 또한 확률벡터 $\mathbf{X}$의 평균을 $E[\mathbf{X}]$, 공분산행렬을 $\mathbf{\Sigma} = \mathrm{cov}[\mathbf{X}]$로 표시한다.

$\mathbf{X}$가 MVN분포를 하는 경우, 벡터 $\mathbf{Y}$가 벡터 $\mathbf{X}$의 선형함수, 즉 $\mathbf{Y} = \mathbf{AX} + \mathbf{b}$로 주어지는 경우, 벡터 $\mathbf{Y}$는 MVN 분포를 하면 기대치함수 $E(\cdot)$의 $\mathbf{Y}$가 $\mathbf{X}$의 선형함수이므로

$$E[\mathbf{Y}] = \mathbf{A}E[\mathbf{X}] + \mathbf{b}$$

이고,

$$\mathrm{cov}[\mathbf{Y}] = \mathbf{A}^T\mathbf{\Sigma}\mathbf{A}$$

로 주어진다.

확률변수 ξ가 iid(확률적 독립이고 동일한 분포를 갖는) Gumbel 분포를

가질 때, 누적확률분포는

$$\Pr\{\xi \leq x\} = \exp[\exp[-(x+\gamma)]], \quad -\infty < x < \infty$$

로 주어진다. 여기에서 γ는 Euler 상수로 $\gamma \approx 0.577$이다.

Gumbel 분포는 확률적통행배정모형의 로짓함수를 정의할 때 사용된다. 로짓모형에 대하여는 Daganzo [?]와 Ben-Akiva 와 Lerman [12]을 참조한다.

2.4 최적화문제

다음에서 함수 f 및 g_i, $i = 1, \ldots, m$는 볼록함수라고 가정한다. 아래 문제는 볼록목적함수와 제약식이 m개의 0-sublevel 집합들의 교집합으로 이루어진 볼록최적화 문제이다. 아래 문제에 대한 KKT (Karush-Kuhn-Tucker) 최적조건을 소개한다.

$$\min \quad f(x) \tag{2.3a}$$

$$\text{subject to} \quad g_i(x) \leq 0 \quad i = 1, \ldots, m \tag{2.3b}$$

위 최적화 문제에 대한 라그랑지안(Lagrangian) 함수 $L(x, u)$는 제약식 $g_i(x)$에 라그랑지안 쌍대(Lagrangian dual) 변수 $u_i \geq 0, i = 1, \ldots, m$를 곱한 후 목적함수에 더해지는데, 다음과 같이 정의한다.

$$L(x, u) = f(x) + \sum_i^m u_i g_i(x)$$

문제 (2.3)에 대한 KKT 최적조건은 라그랑지안 함수를 사용하여 다음과 같이 주어진다.

정리 8 (KKT 필요충분조건)**.** 함수 $f(x)$와 $g_i(x)$, $i = 1, \ldots, m$가 미분가능한 볼록함수이고, $g_i(\bar{x}) < 0, i = 1, \ldots, m$인 $\bar{x}$가 존재하는 경우, 다음 조건 (2.4a)-(2.4d)는 x^*가 문제 (2.3)의 최적해가 되기 위한 필요충분조건이다.

$$\frac{\partial L}{\partial x} = \nabla f(x^*) + \sum_{i}^{m} u_i^* \nabla g_i(x^*) = 0 \tag{2.4a}$$

$$u_i^* g_i(x^*) = 0 \quad \forall i = 1, \ldots, m \tag{2.4b}$$

$$g_i(x^*) \leq 0 \quad \forall i = 1, \ldots, m \tag{2.4c}$$

$$u_i^* \geq 0 \quad \forall i = 1, \ldots, m \tag{2.4d}$$

위 최적조건에서 식 (2.4a)와 (2.4d)는 일반적으로 쌍대가능(dual feasibility) 조건으로 부르고, (2.4b)는 상보여유(complemenatry slackness) 조건, (2.4c)는 원문제가능(primal feasibility) 조건으로 부른다. 정리 8의 조건을 만족하는 해는 목적함수와 제약식이 볼록함수로 주어지는 볼록최적화 문제의 전역(global) 최적해이다. 정리 8에서 조건 $g_i(\bar{x}) < 0$, $i = 1, \ldots, m$은 Slater 조건으로 부른다. 통행배정문제의 경우 제약식은 affine함수로 정의되는데, 이 경우 Slater 조건은 만족된다. 또한 정리 8이 최적해가 되기 위한 충분조건이므로 식 (2.4a)-(2.4d)를 만족하는 x^*와 u_i^*를 찾으면 x^*는 최적해가 되고, u_i^*는 최적 라그랑지안 쌍대변수값이 된다. 이 책에서 고려하는 통행배정문제는 7장의 이중구조문제를 제외하고 모두 볼록최적화 문제에 해당한다. 따라서 정리 8의 KKT 필요조건을 만족하는 해는 최적해가 된다. 앞으로 소개하는 알고리즘에서는 정의된 최적화문제에 대한 KKT 필요조건을 도출하고, 필요조건을 만족하는 최적해를 반복적인 단계를 되풀이 하는 알고리즘을 소개한다.

라그랑지안 함수에 대한 최적조건은 원래의 변수 x에 대하여 $L(x, u)$를 최소화하고, 쌍대(dual)변수 u에 대하여는 $L(x, u)$가 최대가 되는 saddle point 최적조건으로 해석할 수 있다. saddle point 최적조건은 문제 (2.3)의 최적해

x^*와 최적 쌍대변수 u^*가 다음 조건을 만족한다.

$$L(x^*, u) \leq L(x^*, u^*) \leq L(x, u^*) \tag{2.5}$$

(2.5)의 첫 번째 부등식은 x^*가 고정된 경우, u^*는 라그랑지안 함수를 극대화하는 쌍대(dual) 최적해이고, 두 번째 부등식은 u^*가 고정된 경우, x^*는 원래문제(primal problem)를 최소화함을 나타낸다.

아래와 같이 문제 (2.3)에 추가적으로 제약식 $x \geq 0$가 있고, 정리 8의 가정이 동일한 경우, 다음 최적조건은 최적조건 (2.4)의 변형으로서 자주 사용한다.

$$\min \quad f(x) \tag{2.6a}$$

$$\text{subject to} \quad g_i(x) \leq 0 \quad i = 1, \ldots, m \tag{2.6b}$$

$$x \geq 0 \tag{2.6c}$$

최적화 문제 (2.6)에 대한 라그랑지안 함수를

$$L(x, u) = f(x) + \sum_i^m u_i g_i(x)$$

로 정의하면, (2.6)에 대한 KKT 최적조건은 아래와 같다.

$$\frac{\partial L}{\partial x} = \nabla f(x) + \sum_i^m u_i \nabla g_i(x) \geq 0 \tag{2.7a}$$

$$\frac{\partial L}{\partial x} x = [\nabla f(x) + \sum_i^m u_i \nabla g_i(x)] x = 0 \tag{2.7b}$$

$$u_i g_i(x) = 0 \quad \forall i \tag{2.7c}$$

$$g_i(x) \leq 0 \quad \forall i \tag{2.7d}$$

$$x_j \geq 0 \quad \forall j \tag{2.7e}$$

$$u_i \geq 0 \quad \forall i \tag{2.7f}$$

또한 제약식이 선형등식과 변수에 대한 단순한 부등식으로 주어진 다음과 같은 최적화문제에 대한 KKT 최적조건은 다음과 같이 구한다.

$$\min \quad f(x) \tag{2.8a}$$

$$\text{subject to} \quad Ax = b \tag{2.8b}$$

$$x \geq 0 \tag{2.8c}$$

최적화 문제 (2.8)에 대한 라그랑지안 함수를

$$L(x, u) = f(x) + u^T(b - Ax)$$

로 정의하면, (2.8)에 대한 KKT 최적조건은 아래와 같다.

$$\frac{\partial L}{\partial x} = \nabla f(x) - A^T u \geq 0 \tag{2.9a}$$

$$\frac{\partial L}{\partial x} x = (\nabla f(x) - A^T u)^T x = 0 \tag{2.9b}$$

$$Ax = b \tag{2.9c}$$

$$x \geq 0 \tag{2.9d}$$

라그랑지안 쌍대 변수 u가 적용되는 제약식이 선형등식 $Ax = b$이므로 u가 비음부호를 가질 필요가 없다. 또한 상보여유(complementary slackness) 제약식 (2.7c)도 포함되지 않는다. 통행배정모형의 경우 최적조건 (2.9)를 주로 사용한다.

다음은 목적함수와 제약식이 선형식으로 주어진 선형계획법(linear programming)문제이다.

$$\min \sum_j c_j x_j \tag{2.10a}$$

$$\text{subject to} \sum_j a_{ij} x_j = b_i \quad i = 1, \ldots, m \tag{2.10b}$$

$$x_j \geq 0 \quad j = 1, \ldots, n \tag{2.10c}$$

위 문제에서 변수는 n-벡터인 $\mathbf{x} = (\ldots, x_j, \ldots)$이고 입력데이터는 $m \times n$행렬 $A = [a_{ij}]$, m 벡터 $\mathbf{b} = (\ldots, b_i, \ldots)$, n 벡터 $\mathbf{c} = (\ldots, c_j, \ldots)$이다. 벡터와 행렬을 사용하여 위 선형계획법문제를 다음과 같이 나타낼 수 있다.

$$\min \mathbf{c}^T \mathbf{x} \tag{2.11a}$$

$$\text{subject to } \mathbf{A}\mathbf{x} = \mathbf{b} \tag{2.11b}$$

$$\mathbf{x} \geq \mathbf{0} \tag{2.11c}$$

위 선형계획법문제의 KKT 최적조건은 다음과 같다.

$$\mathbf{A}\mathbf{x} = \mathbf{b} \tag{2.12a}$$

$$\mathbf{x} \geq \mathbf{0} \tag{2.12b}$$

$$\mathbf{A}^T \mathbf{y} \leq \mathbf{c}^T \tag{2.12c}$$

$$y_j x_j = 0 \quad j = 1, \ldots, n \tag{2.12d}$$

(2.12)에서 (2.12a)와 (2.12b)를 원문제가능(primal feasibility) 제약식으로 부르고, (2.12c)를 쌍대가능(dual feasibility) 제약식, (2.12d)를 상보여유(complementary slackness) 제약식으로 부른다.

그래프 $G = (V, A)$에서 노드들의 집합 $V = S \cup T$로 나누고 모든 링크는 집합 S와 T의 노드들을 연결하는 경우, G는 bipartite 그래프로 부른다. 방향이 있는 그래프 $G = (V, A)$에서 노드들의 집합 V가 공급용량 s_i, $i = 1, \ldots, m$를 갖는 m개의 공급노드들과 수요량 d_j, $j = 1, \ldots, n$를 갖는 n개의 수요노드들로 구성되고, 링크들의 집합 A는 공급노드 i와 수요노드 j를 연결하고 비용이 c_{ij}로 주어진 bipartite 그래프에서의 수송계획문제 (transportation problem)는 다음과 같은 선형계획법 문제이다.

$$\min \sum_i \sum_j c_{ij} x_{ij} \tag{2.13a}$$

$$\text{subject to} \sum_j x_{ij} = s_i \quad i = 1, \ldots, m \tag{2.13b}$$

$$\sum_i x_{ij} = d_j \quad j = 1, \ldots, n \tag{2.13c}$$

$$x_{ij} \geq 0 \quad i = 1, \ldots, m,\ j = 1, \ldots, n \tag{2.13d}$$

여기에서 $\sum_i s_i \geq \sum_j d_j$가 성립한다. 수송계획법문제에 대한 알고리즘은 Bazaraa, Jarvis, and Sherali(1990)를 참조한다.

스텝길이 결정 알고리즘

일반적인 최적화 알고리즘은 반복적인(iterative) 알고리즘이다. 최적화문제

$$\min f(x)$$

$$\text{subject to } x \in X$$

에 대한 반복적인 알고리즘은 다음과 같이 구성된다. 아래에서 x^n은 단계 n의 해(solution)를 나타낸다. 알고리즘의 시작단계($n = 0$)에서는 제약식을 만족하는 가능해 $x^0 \in X$를 찾는다. 가능해를 찾은 경우, 일반적인 단계 n은 다음과

같다.

이전단계 $n-1$의 가능해 벡터 x^{n-1}와 현재의 목적함수값 $f(x^{n-1})$가 주어진 경우, 단계 n에서는 목적함수 $f(x)$를 감소하는 방향벡터 d를 탐색한다. d가 결정된 후, 단계 n의 가능해는 $x^n = \text{Proj}_X(x^{n-1} + \alpha d)$로 정의한다. 여기에서 $\alpha \geq 0$는 스텝길이이고 $\text{Proj}_X(\cdot)$는 가능해 집합 X로의 projection 함수이다. 즉, 단계 n의 가능해 x^n는 가능해의 집합 X에서 $x^{n-1} + \alpha d$에 가장 가까운 벡터이다.

제약식이 볼록집합으로 구성된 경우, 이 책에서 사용하는 볼록조합 알고리즘의 경우 단계 n에서는 가능해의 집합 X에 속하는 벡터 중 현재 가능해에서의 목적함수에 대한 선형근사함수(linear approximation)를 최소화하는 점 y를 찾는다. 단계 n의 가능해는 x^{n-1}와 y가 둘 다 볼록집합 X에 속하므로, α가 $0 \leq \alpha \leq 1$인 실수인 경우, $(1-\alpha)x^{n-1} + \alpha y$로 정한다. 즉 x^{n-1}와 y사이의 점으로 한다. 이 때 스텝길이 결정문제에서는 x^{n-1}와 y 사이의 점 중에서 목적함수 $f(\cdot)$를 최소화하는 α를 결정하는 문제이다.

스텝길이를 결정하는 알고리즘(line search algorithm) 중 널리 쓰이는 분할법과 Armijo 규칙에 대하여 소개한다.

목적함수가 미분가능한 pseudo convex 함수인 경우, 구간 $[a, b]$에서 최적의 α를 계산하는 분할법(bisection) 알고리즘은 다음과 같은 단계로 이루어져있다.

단계 0 (초기화). $a_1 = a, b_1 = b$로 정하고 ϵ은 사전에 정한 에러 값이다. n은 알고리즘의 최대단계를 나타내고, n은 다음 조건을 만족하는 가장 큰 정수로 정한다.

$$(\frac{1}{2})^n \leq \frac{\epsilon}{b_1 - a_1}$$

알고리즘의 단계를 나타내는 $k = 1$로 정하고 다음 단계로 간다.

단계 1. $\lambda_k = \frac{1}{2}(a_k + b_k)$이고, $f'(\lambda_k)$를 계산한다. $f'(\lambda_k) = 0$인 경우, 알고리즘을 종료한다. $f'(\lambda_k) > 0$인 경우 단계 2로 가고, 그렇지 않은 경우 단계 3

으로 간다.

단계 2. $a_{k+1} = a_k, b_{k+1} = \lambda_k$로 정하고 단계 4로 간다.

단계 3. $a_{k+1} = \lambda_k, b_{k+1} = b_k$로 정하고 단계 4로 간다.

단계 4. $k = n$인 경우, 알고리즘을 종료하고 최적값은 구간 $[a_{n+1}, b_{n+1}]$에 있다. 그렇지 않은 경우 $k = k + 1$로 정하고, 단계 1로 간다.

Armijo의 규칙은 목적함수 $f(x)$를 감소하는 방향벡터 Δx와 $f(x)$의 일차미분벡터 $\nabla f(x)$가 주어지고, $\alpha \in (0, 0.5), \beta \in (0, 1)$인 경우, 다음 조건을 만족할 때까지 스텝길이 t를 갱신한다.

$$f(x + t\Delta x) > f(x) + \alpha t \nabla f(x)^T \Delta x \text{ 이면 } t = \beta t$$

Frank-Wolfe 알고리즘

아래와 같이 목적함수가 볼록함수이고 제약식이 선형인 문제에 대한 Frank-Wolfe 알고리즘을 소개한다.

$$\min \quad f(x) \tag{2.14a}$$

$$\text{subject to} \quad Ax = b \tag{2.14b}$$

$$x \geq 0 \tag{2.14c}$$

단계 n에서 현재 x^n가 해인 경우, 다음 단계의 해를 $x^{n+1} = x^n + \alpha d$로 가정하자. 이때 x^{n+1}에서의 목적함수를 다음과 같이 선형근사함수로 나타낼 수 있다.

$$f(x^{n+1}) \simeq f(x^n) + \alpha \nabla f(x^n)^T d$$

현재의 목적함수가 다음 단계에서 감소하기 위해서는 $f(x^n) - f(x^{n+1})$를 극대화하는 x^{n+1}를 찾아야 한다. 두 목적함수간의 차이를 극대화하는 해를 찾는 문제는 아래와 같다. 극대화할 목적함수는

$$f(x^n) - f(x^{n+1}) = -\alpha \nabla f(x^n)^T d \tag{2.15a}$$

이고 x^{n+1}에서 (2.14b)와 (2.14c)를 만족하기 위하여, 다음 제약식을 만족해야 한다.

$$A(x^n + \alpha d) = b \tag{2.15b}$$

$$x^n + \alpha d \geq 0 \tag{2.15c}$$

x^n가 상수이므로, 변수 d에 대한 위의 최대화 문제의 목적함수는 최소화문제로 다음과 같이 바꿀 수 있다.

$$\max \; -\nabla f(x^n)^T d = -\min \; \nabla f(x^n)^T d \tag{2.16a}$$

또한 제약식은 x^n이 가능해이므로 다음과 같이 주어진다.

$$Ad = 0 \tag{2.16b}$$

$$d \geq 0 \tag{2.16c}$$

문제 (2.16)의 최적해 d는 다음과 같은 선형계획법문제의 최적해 y를 사용하여 $d = y - x^n$로 계산한다.

$$\min \quad \nabla f(x^n)^T y \tag{2.17a}$$

$$\text{subject to} \quad Ay = b \tag{2.17b}$$

$$y \geq 0 \tag{2.17c}$$

따라서 $d = y - x^n$는 목적함수의 감소가 최대가 되는 방향벡터이다. 방향벡터 d의 의미는 선형근사(linear approximation)관점에서도 설명될 수 있다. 위의 문제 (2.14)의 목적함수는 제약조건을 만족하는 현재의 해 x^n에서 다음과 같이 선형화할 수 있다.

$$f^L(y) = f(x^n) + \nabla f(x^n)^T (y - x^n)$$

현재의 해 x^n는 고정된 값이므로 제약조건을 만족하면서 선형화된 함수 $f^L(y)$를 목적식으로 하는 부문제는 아래와 같다.

$$\min \quad f^L(y) = f(x^n) + \nabla f(x^n)^T (y - x^n) \tag{2.18a}$$

$$\text{subject to} \quad Ay = b \tag{2.18b}$$

$$y \geq 0 \tag{2.18c}$$

즉, 목적함수에서 상수값 $f(x^n) - \nabla f(x^n)^T x^n$을 제외하면, 문제 (2.18)은 다음과 같은 선형계획법 문제가 된다.

$$\text{minimize} \quad \nabla f(x^n)^T y \tag{2.19a}$$

$$\text{subject to} \quad Ay = b \tag{2.19b}$$

$$y \geq 0 \tag{2.19c}$$

위의 문제의 최적해를 y^n로 가정하자. 그러면 y^n는 제약조건을 만족하므로 가능해(feasible solution)이며 동시에 선형화된 목적함수 f^L를 최소화하는 점이다. 다음 단계의 해 $x^{n+1}(\alpha) = (1-\alpha)x^n + \alpha y^n$ 이라 할 때, 최적의 x^{n+1}는 $f(x^{n+1}(\alpha))$가 최소화 되는 점이다. 제약식이 선형부등식과 방정식으로 나타내어지는 볼록집합이므로 두 가능해의 볼록조합으로 표현되는 $x^{n+1}(\alpha)$는 항상 가능해이다. 목적함수를 감소하는 방향벡터를 위와 같이 계산하므로, Frank-Wolfe 알고리즘은 선형근사(linear approximation) 알고리즘 혹은 볼록조합(convex combination) 알고리즘으로 부른다.

단계 n에서의 방향벡터 $y^n - x^n$가 구해진 후 다음 단계는 최적 스텝길이(step length) α를 계산한다. 이 때 최적 스텝길이를 구하는 문제를 스텝길이 결정(line search) 문제라 부른다. x^n과 y^n를 연결하는 구간에서 목적함수를 최소화하는 점을 찾는 스텝길이문제는 다음과 같다.

$$\text{minimize} \quad z(\alpha) = f((1-\alpha)x^n + \alpha y^n) \tag{2.20a}$$

$$\text{subject to} \quad 0 \le \alpha \le 1 \tag{2.20b}$$

변수 α에 대한 1차원 최적화문제 (2.20)에서 목적함수의 일차미분 $\partial z(\alpha)/\partial\alpha = \nabla f(x^n)^T(y^n - x^n)$ 이다. 최적의 α가 $(0,1)$에서 구해지는 경우 $\partial f(\alpha)/\partial\alpha = 0$이 된다. 스텝길이결정문제에 대한 알고리즘은 간단한 분할법(bisection method), Fibonacci 탐색법 등이 있다.

위와 같은 반복적인 알고리즘의 경우, 알고리즘의 종료조건(terminating condition)은 다음과 같다. 볼록최적화문제의 최적조건은 알고리즘의 단계가 반복되는 동안에 현재해 x^n에서의 목적함수의 일차미분 $\nabla f(x^n) = 0$인 경우 최적해이다. 목적함수가 볼록함수이므로,

$$f(y) \ge f(x^n) + \nabla f(x^n)^T(y - x^n)$$

이 성립한다. 따라서 문제 (2.19)의 해를 y^n로 하면, 최적값의 하한(lower bound)

$\underline{f}(x^n) = f(x^n) + \nabla f(x^n)^T(y^n - x^n)$가 된다. 단계 n에서의 하한을

$$LB(n) = \max\{LB(n-1), \underline{f}(x^n)\}$$

로 놓고, 현재의 목적함수값 $f(x^n)$는 최적값보다 크거나 같으므로 상한이 된다. 따라서 현재해 x^n에서의 최적값까지의 거리로 부터 다음과 같은 에러를 계산할 수 있다.

$$Error(n) = \frac{f(x^n) - LB(n)}{LB(n)}$$

만약에 $Error(n) \leq \epsilon$, 알고리즘을 종료한다.

Frank-Wolfe 알고리즘을 정리하면 다음과 같다.

단계 1. $n = 1$로 정하고, 문제 (2.14)의 초기 가능해 x^n를 찾는다.

단계 2. 선형계획법문제 (2.19)를 풀어서 목적함수를 감소하는 방향벡터 y^n를 찾는다.

단계 3. 1차원 스텝길이결정문제 (2.20)을 풀어서 최적 스텝길이 α^n를 결정한다.

단계 4. $x^{n+1} = (1 - \alpha^n)x^n + \alpha^n y^n$로 현재해를 갱신한다.

단계 5. 현재해 x^n가 최적해인지 알고리즘의 종료조건을 검사하고, 종료조건을 만족하는 경우 알고리즘을 종료하고, 그렇지 않은 경우, $n = n + 1$, 단계 2로 돌아간다.

2.5 단순한 이차최적화문제

이 절의 내용은 제약식이 단순한 simplex로 구성된 이차(quadratic) 최적화문제의 알고리즘을 소개한다. 이 문제는 통행배정문제의 분할(decomposition)

접근법에서 부문제를 푸는 알고리즘으로 사용된다. 참고문헌 [36], [37], [14]에 자세한 알고리즘이 소개되었다.

다음 최적화문제의 제약식 (2.21b), (2.21c)와 같이 단순한 1개의 등식 및 n개의 부등식으로 구성된 제약식을 simplex라고 부른다. 이러한 simplex는 $n-1$차원 공간이다. simplex 형태의 제약식을 갖는 다음 이차최적화문제를 살펴보자.

$$\min \quad \frac{1}{2}\sum_{j=1}^{n}(x_j - \bar{x}_j)^2 \tag{2.21a}$$

$$\text{subject to} \quad \sum_{j=1}^{n} x_j = c \tag{2.21b}$$

$$x_j \geq 0 \quad j = 1, \ldots, n \tag{2.21c}$$

문제 (2.21)의 KKT 최적조건은 쌍대변수 λ와 v_j를 사용하여 다음과 같이 나타낼 수 있다.

$$x_j - \bar{x}_j = v_j - \lambda, \quad v_j \geq 0, \quad x_j v_j = 0 \quad \forall j \tag{2.22}$$

변수 λ의 함수인

$$x_j(\lambda) = \max\{\bar{x}_j - \lambda, 0\}, \quad v_j(\lambda) = \max\{-(\bar{x}_j - \lambda), 0\} \tag{2.23}$$

로 정의하면, $x_j = x_j(\lambda)$와 $v_j = v_j(\lambda)$는 KKT 조건을 만족하고 $x_j \geq 0$이다. 남은 문제는 $\sum_j x_j(\lambda) = c$를 만족하는 λ^*를 찾는 일이다.

$\sum_j x_j(\lambda)$가 λ의 부분선형비증가(piecewise linear nonincreasing) 함수이고, 기울기가 꺾어지는 분할점(break point)은 $\bar{x}_j$가 된다. 만약에 $\bar{x}_1 \leq \bar{x}_2 \leq \ldots \leq \bar{x}_n$인 경우, $\lambda = \bar{x}_J$ $(J = 1, 2, \ldots, n)$의 값을 갖는 경우, $\sum_j x_j(\lambda) = \sum_j x_j(\bar{x}_J) =$

$\sum_{j=J+1}^{n}(\bar{x}_j - \bar{x}_J)$이다.

$\sum_j x_j(\lambda^*) = c$이므로, 만약에 $\bar{x}_J < \lambda^* < \bar{x}_{J+1}$인 경우에는 $x_J(\lambda^*) = \max\{\bar{x}_J - \lambda^*, 0\} = 0$이고 $\sum_{j=J+1}^{n}(\bar{x}_j - \bar{x}_J) > c$가 된다. 따라서 $x_J(\lambda^*) = 0,\ J = 1, 2, \ldots, J_0$, 여기서

$$J_0 = \max\{J : \frac{\bar{x}_{J+1} + \cdots + \bar{x}_n - c}{n - J} > \bar{x}_J\} \tag{2.24}$$

J_0를 결정하고, $x_j(\lambda^*)$는 제약식 (2.21b)를 만족하므로

$$\sum_{j=J_0+1}^{n} x_j(\lambda^*) = \sum_{j=J_0+1}^{n} (\bar{x}_j - \lambda^*) = c \tag{2.25}$$

위 식을 λ^*에 대하여 풀면 λ^*의 값을 다음과 같이 계산한다.

$$\lambda^* = \frac{-c + \sum_{j=J_0+1}^{n} \bar{x}_j}{n - J_0} \tag{2.26}$$

2.6 반복적 밸런싱

엔트로피 최대화 문제는 다음과 같은 최적화문제이다.

$$\min \quad \sum_{j=1}^{n} x_j \ln x_j - x_j \tag{2.27a}$$

$$\text{subject to} \quad \sum_{j=1}^{n} a_{ij} x_j = b_i,\ i = 1, \ldots, m \tag{2.27b}$$

여기에서 $0 \le a_{ij} \le 1, i = 1, \ldots, m, j = 1, \ldots, n$를 만족한다. 벡터 $\mathbf{x} = (x_1, \ldots, x_n)$, $m \times n$ 행렬 $\mathbf{A} = [a_{ij}]$, $\mathbf{b} = (b_1, \ldots, b_m)$를 사용하여, 식 (2.27)

은 다음과 같이 나타낼 수 있다.

$$\min \quad \mathbf{x}(\ln(\mathbf{x}) - \mathbf{1}) \tag{2.28a}$$

$$\text{subject to} \quad \mathbf{A}\mathbf{x} = \mathbf{b} \tag{2.28b}$$

여기에서 $\mathbf{1}$은 모든 항이 1인 n 벡터이다. Bell & Iida (1997)의 3장에서 소개하고 있는 다음의 반복적 밸런싱(iterative balancing) 알고리즘은 문제 (2.27)에 대한 primal 최적해와 dual 최적해를 동시에 계산하는 알고리즘이다. 쌍대변수 $u \in R^m$를 사용하여 (2.28)의 라그랑지안 함수를 계산하면,

$$L(\mathbf{x}, \mathbf{u}) = \mathbf{x}^T(\ln(\mathbf{x} - \mathbf{1}) - \mathbf{u}^T(\mathbf{b} - \mathbf{A}\mathbf{x}) \tag{2.29}$$

이고, $\mathbf{u}$가 고정되어 있는 경우, 라그랑지안 쌍대 함수는 다음과 같이 정의된다.

$$L(\mathbf{u}) = \min_{\mathbf{x}} L(\mathbf{x}, \mathbf{u})$$

$L(\mathbf{u})$를 계산하기 위하여 (2.29)를 $\mathbf{x}$에 대하여 미분하여 0으로 놓으면,

$$\nabla_{\mathbf{x}} L(\mathbf{x}^*, \mathbf{u}) = \ln(\mathbf{x}^*) + \mathbf{A}^T\mathbf{u} = 0$$

이 식을 $\mathbf{x}^*$에 대하여 풀면

$$\mathbf{x}^* = \exp(-\mathbf{A}^T\mathbf{u}) \tag{2.30}$$

다음 알고리즘은 $\mathbf{u}^*$와 $\mathbf{x}^*$를 순차적으로 계산한다.

단계 1 (초기화). $\mathbf{u} = 0$

단계 2 (반복적 밸런싱). 다음 단계를 수렴할 때 까지 반복한다.

1. 모든 $J = 1, \ldots, n$에 대하여

2. $\mathbf{x}^* = \exp(-\mathbf{A}^T\mathbf{u})$

3. $b_j \neq \mathbf{a}_i^T\mathbf{x}^*$인 경우, $u_j = u_j - \ln(b_j) + \ln(\mathbf{a}_i^T\mathbf{x}^*)$ 로 갱신한다.

위 알고리즘은 u_j의 변화량이 거의 없거나 제약식 $\mathbf{Ax} = \mathbf{b}$가 거의 만족되는 경우 종료한다. 알고리즘이 수렴하는 이유는 다음과 같이 설명된다. 쌍대변수 $\mathbf{u}$에 대한 라그랑지안 함수 $L(\mathbf{x}^*, \mathbf{u})$의 1차도함수는

$$\frac{dL(\mathbf{x}^*, \mathbf{u})}{d\mathbf{u})} = -(\mathbf{b} - \mathbf{Ax}^*)$$

이다. saddle point 최적조건에 따르면,

$$L(\mathbf{x}^*, \mathbf{u}) \leq L(\mathbf{x}^*, \mathbf{u}^*) \leq L(\mathbf{x}, \mathbf{u}^*)$$

이므로, $\mathbf{x}^*$가 고정된 경우 알고리즘에서는 $L(\mathbf{x}^*, \mathbf{u})$를 극대화하고자 한다.

$b_i > \mathbf{a}_i^T\mathbf{x}^*$인 경우, 미분값이 음의 값을 가지므로, u_i의 값은 감소해야 하고, $\mathbf{x}^*$의 값은 (2.30)에 의해, 증가한다. 반대로 $b_i < \mathbf{a}_i^T\mathbf{x}^*$인 경우에는 미분값이 양의 값이므로 u_i의 값은 증가하고, $\mathbf{x}^*$는 감소한다.

최적화문제가 등식제약식이 아닌 부등식 제약식 $\mathbf{b} \leq \mathbf{Ax}$을 갖는 경우 위 알고리즘을 다음과 같이 수정한다.

단계 1 (초기화). $\mathbf{u} = 0$

단계 2 (반복적 밸런싱). 다음 단계를 수렴할 때 까지 반복한다.

1. 모든 $J = 1, \ldots, n$에 대하여

2. $\mathbf{x}^* = \exp(-\mathbf{A}^T\mathbf{u})$

3. $b_j > \mathbf{a}_i^T \mathbf{x}^*$ 인 경우, $u_j = u_j - \ln(b_j) + \ln(\mathbf{a}_i^T \mathbf{x}^*)$ 로 갱신한다.

제 3 장

고정수요 통행배정모형

이 장에서는 고정수요 통행배정모형을 소개하고, 고정수요 통행배정문제를 푸는데 널리 사용되는 Frank-Wolfe 알고리즘 및 Frank-Wolfe 알고리즘의 수렴속도를 개선하는 알고리즘들을 소개한다. 이 책에서 소개하는 모든 통행배정모형의 경우, 네트워크는 노드들의 집합 V와 링크들의 집합 A로 구성된 방향이 있는 그래프 $G = (V, A)$로 나타낸다. 통행수요는 V의 부분집합인 센트로이드 노드들간에 발생하고, 센트로이드 r에서 출발하여 센트로이드 s로 가는 통행량을 q_{rs}로 표시한다. O/D행렬 $\mathbf{q} = (\ldots, q_{rs}, \ldots)$로 나타낸다. 기종점 (r, s)를 연결하는 경로들의 집합을 P_{rs}로 표시하고, 경로 $k \in P_{rs}$인 경우, f_k^{rs}는 경로 k의 통행량을 나타낸다. 링크의 통행시간을 나타내는 vdf 함수 $t_a(\cdot)$는 순증가함수로 가정하고 링크간 상호작용은 없는 것으로 가정한다.

수요가 고정되어있는 통행배정모형은 다음과 같은 볼록최적화 문제로 나타내어진다.

$$\min \quad z(\mathbf{x}) = \sum_a \int_0^{x_a} t_a(\omega) d\omega \tag{3.1a}$$

$$\text{subject to} \quad \sum_k f_k^{rs} = q_{rs} \quad \forall r, s \tag{3.1b}$$

$$f_k^{rs} \geq 0 \quad \forall k, r, s \tag{3.1c}$$

여기에서 링크통행량 $x_a = \sum_{rs} \sum_k f_k^{rs} \delta_{ak}^{rs}$, $a \in A$로 정의한다. δ_{ak}^{rs}는 incidence 행렬의 요소로서 링크 a가 경로 k에 속하는 경우 $\delta_{ak}^{rs} = 1$, 그렇지 않은 경우 $\delta_{ak}^{rs} = 0$이 된다. 즉, 링크통행량 x_a는 링크 a를 통과하는 모든 경로통행량의 합으로 정의된다.

목적함수 $z(\mathbf{x})$의 x_a에 대한 일차도함수는 다음과 같다.

$$\frac{\partial z(\mathbf{x})}{\partial x_a} = t_a(x_a) \quad \forall a \tag{3.2}$$

$t_a(x_a)$가 링크 x_a의 함수이고 다른 링크통행량의 영향을 받지 않으므로, 이차도함수는 다음과 같이 계산된다.

$$\frac{\partial^2 z(\mathbf{x})}{\partial x_a \partial x_b} = \frac{\partial t_a(x_a)}{\partial x_b} = \begin{cases} t_a'(x_a) & b = a \\ 0 & b \neq a \end{cases} \tag{3.3}$$

또한 $t_a(x_a)$가 순증가함수이므로 $t_a'(x_a) > 0$이다. 따라서 목적함수 $z(\mathbf{x})$의 Hessian 행렬은 대각항이 $t_a'(x_a)$인 양의 정부호(positive definite) 대각행렬이다. 제약식이 볼록집합이므로 문제 (3.1)은 볼록최적화문제이고 고유한 링크통행량 최적해를 갖는다. 링크통행량 x_a는 링크를 통과하는 모든 경로통행량의 합으로 표현된다. 특정한 링크통행량 x_a를 다양한 경로통행량조합으로 표현 가능하므로, 문제 (3.1)의 최적경로통행량은 고유한 해를 갖지 않는다.

고정수요통행배정문제를 푸는 알고리즘 중 널리 사용되는 Frank-Wolfe 알고리즘은 볼록조합 알고리즘 혹은 선형근사(linear approximation) 알고리즘의 일종이다. 본 절에서는 문제 (3.1)의 KKT최적조건을 구하고, 대표적인 해법인 Frank-Wolfe 알고리즘을 소개한다. Frank-Wolfe 알고리즘에 대하여는 먼저 목적함수를 감소시키는 방향(feasible descent direction) 벡터를 계산하는 과정을 소개하고, 다음으로는 스텝길이 결정절차, 마지막으로 알고리즘의 종료조건을 소개한다.

3.1 Frank-Wolfe 알고리즘

문제 (3.1)의 KKT최적조건은 다음과 같이 계산한다. 먼저 식 (3.1b)에 대한 쌍대변수 u_{rs}를 사용하여, 라그랑지안 함수를 다음 식으로 정의한다.

$$L(x,u) = \sum_a \int_0^{x_a} t_a(\omega)d\omega + \sum_{rs} u_{rs}(q_{rs} - \sum_k f_k^{rs})$$

조건(2.9)을 적용하여 구한 KKT 최적조건은 다음과 같다.

$$\frac{\partial L(\cdot)}{\partial f_k^{rs}} \geq 0 \quad \forall k, r, s \tag{3.4a}$$

$$\frac{\partial L(\cdot)}{\partial f_k^{rs}} f_k^{rs} = 0 \quad \forall k, r, s \tag{3.4b}$$

$$\sum_k f_k^{rs} = q_{rs} \quad \forall r, s \tag{3.4c}$$

$$f_k^{rs} \geq 0 \quad \forall k, r, s \tag{3.4d}$$

식 (3.4a)의 미분은 다음과 같이 계산한다.

$$\frac{\partial L(\cdot)}{\partial f_k^{rs}} = \sum_a t_a(x_a)\delta_{ak}^{rs} - u_{rs} = c_k^{rs} - u_{rs} \tag{3.5}$$

여기에서 $c_k^{rs} = \sum_a t_a(x_a)\delta_{ak}^{rs}$로서 δ_{ak}^{rs}의 정의에 따라 $\sum_a t_a(x_a)\delta_{ak}^{rs}$는 경로 k에 속한 링크비용만 포함하므로, 경로 k의 통행비용을 나타낸다.

따라서 KKT 최적조건 (3.4)은 다음과 같이 쓸 수 있다.

$$c_k^{rs} - u_{rs} \geq 0 \quad \forall k, r, s \tag{3.6a}$$

$$(c_k^{rs} - u_{rs})f_k^{rs} = 0 \quad \forall k, r, s \tag{3.6b}$$

$$\sum_k f_k^{rs} = q_{rs} \quad \forall r, s \tag{3.6c}$$

$$f_k^{rs} \geq 0 \quad \forall k, r, s \tag{3.6d}$$

$f_k^{rs} > 0$인 경우, 식 (3.6b)에 따라, $c_k^{rs} = u_{rs}$ 이고, $f_k^{rs} = 0$인 경우에는 $c_k^{rs} \geq u_{rs}$가 된다. 즉 경로 k에 통행량이 있는 경우, 경로 k의 통행시간은 최소통행시간 u_{rs}이고 통행량이 없는 경우에는 통행시간이 최소통행시간보다 크거나 같다. 따라서 조건 (3.6)는 사용자평형 통행배정조건과 일치한다.

다음에는 목적함수를 감소시키는 방향(feasible descent direction)을 구하는 법을 살펴본다. 고정수요통행배정문제 (3.1)에서 사용하는 의사결정변수는 링크통행량 x_a와 경로통행량 f_k^{rs}이다. (3.1)의 목적함수가 변수 x_a에 대한 순볼록(strictly convex)함수이므로 경로통행량 f_k^{rs}는 이 경우 보조적인 역할을 한다. 따라서 목적함수를 감소하는 방향벡터는 링크통행량 변수를 사용하여 정의한다. 아래의 알고리즘은 목적함수를 감소하는 링크통행량 방향벡터를 찾는 절차이다. Frank-Wolfe 알고리즘에서의 방향벡터는 $\mathbf{y} - \mathbf{x}$ 형태로 주어진다. 따라서 먼저 보조변수 $\mathbf{y}$를 결정하는 절차를 소개한다.

단계 n 에서 구한 링크통행량 벡터 $\mathbf{x}^n = (\ldots, x_a^n, \ldots)$로 표시할 때, $\mathbf{x}^n$에서의 목적함수의 일차미분벡터는 다음과 같이 계산된다.

$$\frac{\partial z(\mathbf{x}^n)}{\partial x_a} = t_a(x_a^n)$$

목적함수 감소방향벡터는 원래문제를 벡터 $\mathbf{x}^n$에서 선형화한 부문제(subproblem)를 풀어서 구한다.

현재의 가능해 $\mathbf{x}^n$에서의 부문제의 목적함수는 다음과 같다.

$$\min z^n(\mathbf{y}) = \nabla z(\mathbf{x}^n) \cdot \mathbf{y}^T = \sum_a \frac{\partial z(\mathbf{x}^n)}{\partial x_a} y_a$$

링크의 현재 통행량이 x_a^n일 때의 링크통행비용을 $t_a^n = t_a(x_a^n)$로 표시한다. 경로통행비용을 나타내는 보조변수 g_k^{rs}와 링크통행량을 나타내는 y_a를 의사결정변수로 하는 선형계획법 문제는 아래와 같다.

$$\min \quad z^n(\mathbf{y}) = \sum_a t_a^n y_a \tag{3.7a}$$

$$\text{subject to} \quad \sum_k g_k^{rs} = q_{rs} \quad \forall r, s \tag{3.7b}$$

$$g_k^{rs} \geq 0 \quad \forall k, r, s \tag{3.7c}$$

위에서 링크통행량 $y_a = \sum_{rs} \sum_k g_k^{rs} \delta_{ak}^{rs}$, $a \in A$로 정의한다.

부문제 (3.7)의 의사결정변수는 보조링크통행량 y_a이다. 부문제 (3.7)을 보조경로통행량 변수를 사용하여 다시 표현하기 위해, 식 (3.1a)를 경로통행량 f_k^{rs}에 대하여 미분하면, (3.1a)의 일차미분은 다음과 같이 계산된다.

$$\frac{z(\mathbf{x}^n)}{f_k^{rs}} = \sum_a t_a(x_a^n) \delta_{ak}^{rs}$$

$c_k^{rs} = \sum_a t_a(x_a^n) \delta_{ak}^{rs}$로 놓으면, c_k^{rs}는 경로 k에 포함된 링크들의 통행시간의 합이므로, 경로 k의 통행시간을 의미한다. 또한 위의 일차미분은 단순히 c_k^{rs}가

된다. 보조변수 g_k^{rs}를 사용하여 부문제를 다시 나타내면 아래와 같다.

$$\min \quad z^n(\mathbf{g}) = \nabla_f z[\mathbf{x}(\mathbf{f}^n)] \cdot \mathbf{g}^T = \sum_{rs}\sum_k c_k^{rs^n} g_k^{rs} \tag{3.8a}$$

$$\text{subject to} \quad \sum_{rs}\sum_k g_k^{rs} = q_{rs} \quad \forall r, s \tag{3.8b}$$

$$g_k^{rs} \geq 0 \quad \forall k, r, s \tag{3.8c}$$

문제 (3.8)는 기종점 (r, s)로 문제가 분할되므로 기종점별로 부문제를 풀 수 있다. 기종점 (r, s)에 대한 부문제는 다음과 같다.

$$\min \quad z^n(\mathbf{g}^{rs}) = \sum_k c_k^{rs} g_k^{rs} \tag{3.9a}$$

$$\text{subject to} \quad \sum_k g_k^{rs} = q_{rs} \tag{3.9b}$$

$$g_k^{rs} \geq 0 \quad \forall k \tag{3.9c}$$

문제 (3.9)은 링크비용이 $t_a(x_a^n)$로 주어진 기점 r과 종점 s를 연결하는 최단경로문제를 찾는 문제와 일치한다. 최단경로를 계산한 후, 경로 m이 최단경로인 경우, 문제 (3.9)의 최적해는 다음과 같다.

$$\begin{aligned} g_m^{rs^n} &= q_{rs} \quad && \text{if } c_m^{rs} \leq c_k^{rs} \quad \forall k \\ g_k^{rs^n} &= 0 && k \neq m \end{aligned}$$

또한 보조변수 y_a^n의 값은 단순히 링크 a를 통과하는 모든 경로통행량의 합이므로 아래와 같이 계산한다.

$$y_a^n = \sum_{rs}\sum_k g_k^{rs^n} \delta_{ak}^{rs} \quad \forall a$$

따라서 단계 n에서의 목적함수를 감소시키는 방향벡터는

$$(y_a^n - x_a^n) \quad \forall a$$

로 주어진다.

알고리즘의 시작단계에서는 모든 링크의 통행비용을 $t_a^1 = t_a(0)$로 놓고 부문제를 풀어서 방향벡터 $\mathbf{y}^1$를 구한다. 즉 모든 링크에 대하여 링크통행량을 0으로 가정하고 링크통행비용을 계산하고, 기종점별로 최단경로를 찾아서 O/D 수요 q_{rs}를 최단경로에 전량배정(all-or-nothing loading) 한다. 이전의 링크통행량이 모두 0이므로, 시작단계의 가능해 $\mathbf{x}^1 = \mathbf{y}^1$로 정한다.

단계 n에서의 목적함수를 감소시키는 방향벡터를 찾았으므로, 다음으로는 스텝길이결정 절차를 수행한다. 현재의 위치 $\mathbf{x}^n$에서 $\mathbf{y}^n$ 방향으로 목적함수값을 최소화하는 거리는 아래와 같은 1차원 스텝길이결정 문제를 풀어서 구한다. 스텝길이 α가 [0,1]에 있으므로, 목적함수를 최소화하는 다음 단계 $n+1$의 가능해 $\mathbf{x}^{n+1}$는 이전 값 $\mathbf{x}^n$ 과 $\mathbf{y}^n$의 중간에 위치하게 된다. 따라서 이 알고리즘은 볼록조합 알고리즘으로 부른다. 최적 스텝길이 α^*를 구하는 1차원 스텝길이결정 문제는 다음과 같다.

$$\alpha^* = \text{ argmin } z(\alpha) = \sum_a \int_0^{x_a^n + \alpha(y_a^n - x_a^n)} t_a(\omega) d\omega \tag{3.10a}$$

$$\text{subject to} \qquad 0 \le \alpha \le 1 \tag{3.10b}$$

최적 스텝길이 α^*를 사용하여 갱신된 다음 단계의 해는 다음과 같이 이전해 x^n와 보조변수 y^n를 연결하는 구간의 점이다.

$$\mathbf{x}^{n+1} = \mathbf{x}^n + \alpha^*(\mathbf{y}^n - \mathbf{x}^n) = (1 - \alpha^*)\mathbf{x}^n + \alpha^*\mathbf{y}^n$$

1차원 변수 α의 문제로 정의된 스텝길이결정문제 (3.10)에서 변수 α에 대한 목적함수의 기울기는 아래와 같다.

$$\frac{\partial}{\partial\alpha}z[\mathbf{x}^n + \alpha(\mathbf{y}^n - \mathbf{x}^n)] = \sum_a (y_a^n - x_a^n)t_a[x_a^n + \alpha(y_a^n - x_a^n)] \tag{3.11}$$

최적 스텝길이 α가 (0, 1)에 있는 경우, 기울기는 0이 된다. 0에서 최소값을 갖는 경우는 기울기가 0보다 크고, 1에서 최소값을 갖는 경우는 기울기가 0보다 작게 된다. 만약에 최적 스텝길이 $\alpha^* = 0$인 경우, $\mathbf{x}^{n+1} = \mathbf{x}^n$가 되어 현재의 해 $\mathbf{x}^n$가 최적해가 된다. 알고리즘의 첫 번째 단계의 경우 스텝길이 $\alpha^1 = 1.0$으로 한다.

알고리즘의 종료기준은 아래와 같이 기종점별로 이전 최단거리와 현재 단계에서 갱신한 최단거리가 차이가 나지 않거나 링크별로 이전통행량과 갱신된 통행량간의 차이가 거의 없는 경우, 아래 식처럼 변화량을 측정하여 총 변화된 값이 상한 κ보다 작은 경우 단계를 종료한다.

$$\sum_{rs} \frac{|u_{rs}^n - u_{rs}^{n-1}|}{u_{rs}^n} \leq \kappa \tag{3.12}$$

$$\frac{\sqrt{\sum_a (x_a^{n+1} - x_a^n)^2}}{\sum_a x_a^n} \leq \kappa' \tag{3.13}$$

미분가능한 볼록함수 $f(x) : X \subseteq R^n \to R$의 경우, 모든 점 $y \in X$에 대하여 다음 식이 성립한다.

$$f(y) \geq f(x) + \nabla f(x)^T(y - x) \quad \forall y \in X$$

따라서 선형함수 $f(x) + \nabla f(x)^T(y - x)$는 함수 $f(y)$의 하한값을 제공한다. 볼

록목적함수 $z(\mathbf{x})$에 대한 $\mathbf{x}^n$에서의 하한 $\underline{z}(\mathbf{x}^n)$는 다음과 같이 계산할 수 있다.

$$\underline{z}(\mathbf{x}^n) = z(\mathbf{x}^n) + \nabla z(\mathbf{x}^n)^T(\mathbf{y}^n - \mathbf{x}^n) = z(\mathbf{x}^n) + \sum_a t_a(x_a^n)(y_a^n - x_a^n) \quad (3.14)$$

단계 n에서의 목적함수의 하한 $LB(n)$는 따라서 단계 $n-1$까지의 목적함수의 하한 $LB(n-1)$와 현재의 가능해 $\mathbf{x}^n$에서의 하한 $\underline{z}(\mathbf{x}^n)$ 중 큰 값으로 정한다.

$$LB(n) = \max\{LB(n-1), \underline{z}(\mathbf{x}^n)\} \quad (3.15)$$

또한 현재의 가능해 $\mathbf{x}^n$에서의 목적함수값 $z(\mathbf{x}^n)$는 문제 (3.1)의 상한(upper bound)값을 나타낸다. 따라서 상한과 하한의 차이 $z(\mathbf{x}^n)-\underline{z}(\mathbf{x}^n) = -\sum_a t_a(x_a^n)(y_a^n - x_a^n) < \epsilon$ 인 경우 알고리즘을 종료할 수 있다. 상한과 하한의 차이를 나타내는 에러 $Error(n)$는 따라서 다음과 같이 정의한다.

$$Error(n) = \frac{z(\mathbf{x}^n) - LB(n)}{LB(n)} \quad (3.16)$$

Gap 함수

목적함수 $f(x)$가 볼록함수인 다음 볼록최적화문제에서

$$\min \quad f(x) \quad (3.17a)$$

$$\text{subject to} \quad x \in S = \{Ax = b, x \geq 0\} \quad (3.17b)$$

gap 함수를 다음과 같이 정의한다.

$$\begin{aligned} G(x) &= \max_{y \in S} \nabla f(x)^T(x - y) \\ &= -\min_{y \in S} \nabla f(x)^T(y - x) \end{aligned} \quad (3.18)$$

gap 함수는 다음과 같은 성질을 만족한다.

$$G(x) \geq 0 \quad \forall x \in S \tag{3.19}$$

$$G(x^*) = 0 \text{ if and only if } x^* \text{ 최적해} \tag{3.20}$$

즉, $G(x^*) = 0$이면, 알고리즘을 종료하고 최적해는 x^*이다.

고정수요 통행배정문제의 경우 gap 함수는 다음 형태를 갖는다. 집합 S가 통행배정문제의 가능해를 나타내는 경우, n번째 단계에서의 링크통행량 x_a^n와 보조변수 y_a, 그리고 n번째 단계에서 최단경로문제를 풀어서 구한 보조변수의 값 y_a^n를 사용하면 gap 함수는 다음과 같이 계산할 수 있다.

$$\begin{aligned}
\text{max}_{y \in S} \sum_a t_a(x_a^n)(x_a^n - y_a) &= \sum_a t_a(x_a^n)x_a^n - \text{min}_{y \in S} \sum_a t_a(x_a^n)y_a \\
&= \sum_a t_a(x_a^n)x_a^n - \sum_a t_a(x_a^n)y_a^n \\
&= -\sum_a t_a(x_a^n)(y_a^n - x_a^n)
\end{aligned} \tag{3.21}$$

따라서 이 경우 gap 함수는 상한과 하한의 차이와 같다. 즉

$$G(\mathbf{x}^n) = z(\mathbf{x}^n) - \underline{z}(\mathbf{x}^n) = -\sum_a t_a(x_a^n)(y_a^n - x_a^n) \tag{3.22}$$

Frank-Wolfe 알고리즘의 수렴속도

아래 그림 3.1은 2개의 노드, 3개의 링크, 1개의 기종점으로 구성된 간단한 네트워크를 보여준다. O/D 수요는 1000, vdf함수는 링크의 길이(l_a), 용량 (c_a)

및 상수 α, β를 사용하여 다음과 같은 형태를 갖는다.

$$t_a(x_a) = l_a[1 + \alpha(\frac{x_a}{c_a})^{\beta}]$$

이 문제에서 사용한 vdf함수의 파라미터는 표 3.1에 나타내었다.

그림 3.1: 단순한 네트워크

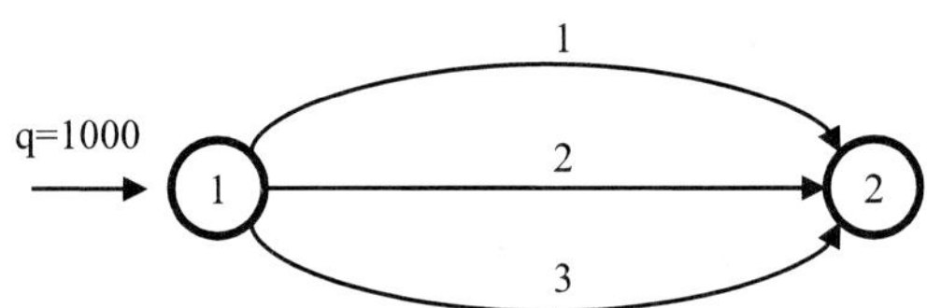

표 3.1: 링크의 통행지체함수 데이터

링크	길이	용량	α	β
1	6	800	0.15	4
2	4	700	0.15	4
3	6	500	0.15	4

아래 표 3.2에서는 Frank-Wolfe 알고리즘을 수행한 결과를 단계별로 보여준다. 아래 표에서 $t_a^{(n)}$, $x_a^{(n)}$, $y_a^{(n)}$, $z(x^{(n)})$, LB, 에러는 단계 (n)에서의 링크의 통행비용, 링크 통행량, 보조링크변수의 통행량, 목적함수값, 식 (3.15)에서 구한 목적함수의 하한, 식 (3.16)에서 정의한 에러를 기록하였다. 이 문제의 경우 3번의 단계에서 에러가 0이 되었음을 알 수 있다. 알고리즘이 시작할 때의 초기해는 통행량을 0으로 한 경우의 링크통행비용 $t_a^{(0)} = t_a(0)$로 놓고 전량배정(all-or-nothgin loading)을 수행한다. 링크 통행량이 0일 때 각 링크의

통행비용이 6, 4, 6이 되고 이 경우 O/D통행량 1000은 통행비용이 가장 작은 링크 2를 통해 전량배정된다. 단계 1에서의 스텝길이 $\alpha_1 = 0.0542$이다. 따라서 $x_1^{(2)} = x_1^{(1)} + \alpha_1(y_1^{(1)} - x_1^{(1)}) = 0 + 0.0542(1000.00 - 0) = 54.20$이 된다. 링크 2의 경우, $x_2^{(2)} = x_2^{(1)} + \alpha_1(y_2^{(1)} - x_2^{(1)}) = 1000.00 + 0.0542(0 - 1000.00) = 945.80$이 된다.

최적 링크 통행량은 $x_1^* = 54.17, x_2^* = 945.83, x_3^* = 0$이다. 따라서 링크 3에는 통행량이 없음을 알 수 있다. 또한 사용한 링크인 링크 1과 링크 2의 통행비용이 6으로 같음을 알 수 있다. 이 문제의 경우 사용하지 않은 링크 3의 통행비용도 6으로 같다. 따라서 사용자평형상태에 도달했음을 알 수 있다.

표 3.2: 알고리즘의 결과

단계	링크	$t_a^{(n)}$	$x_a^{(n)}$	$y_a^{(n)}$	$z(x^{(n)})$	LB	에러
1	1	6.00	0.00	0.00	4499.79	4000.00	0.12
	2	4.00	1000.00	1000.00	4499.79	4000.00	0.12
	3	6.00	0.00	0.00	4499.79	4000.00	0.12
2	1	6.00	54.20	1000.00	4486.66	4000.83	0.12
	2	6.50	945.80	0.00	4486.66	4000.83	0.12
	3	6.00	0.00	0.00	4486.66	4000.83	0.12
3	1	6.00	54.17	0.00	4486.66	4486.64	0.00
	2	6.00	945.83	1000.00	4486.66	4486.64	0.00
	3	6.00	0.00	0.00	4486.66	4486.64	0.00

다음 그림 3.2는 통행배정에서 예제로 널리 사용되는 캐나다의 Sioux-Falls 시의 네트워크를 보여준다. Sioux-Falls 네트워크는 24개의 노드, 76개의 링크, 총 528개의 O/D로 구성된다. 이 문제의 경우 24개의 노드 모두가 센트로이드로서 통행수요가 있다. Frank-Wolfe 알고리즘을 Sioux-Falls 네트워크에 적용한 경우의 알고리즘의 수렴속도를 그림 3.3에 나타내었다. 이 그림에서 "objective value"는 목적함수 $z(x^{(n)})$를 나타내고, "lower bound"는 식 (3.15)에 정의한 목적함수의 선형화된 하한을 나타낸다. 그림에서 보면 단계 10까지 목적함수값의

감소가 빠르게 이루어진 반면, 이 후에는 목적함수값의 변화가 거의 없음을 알 수 있다. 이러한 수렴속도가 느린 현상은 Frank-Wolfe 알고리즘의 일반적인 성향이다.

그림 3.2: Sioux-Falls 네트워크

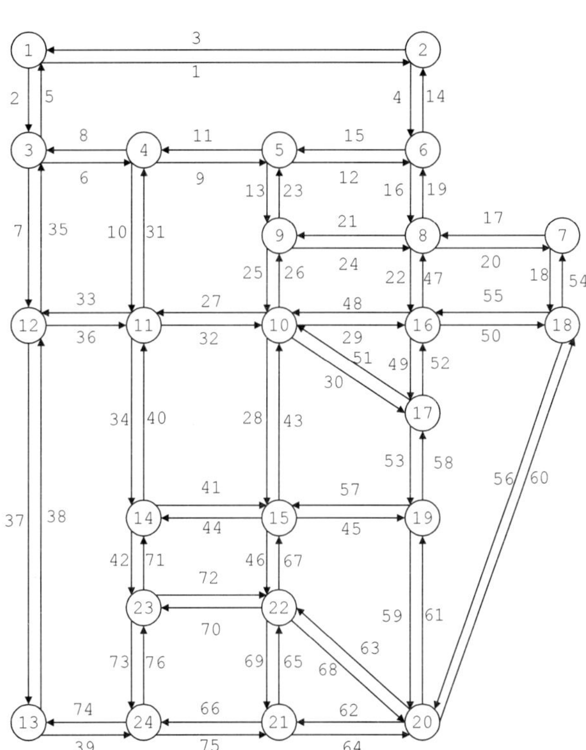

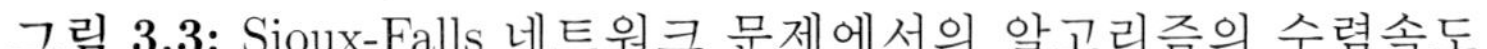

그림 3.3: Sioux-Falls 네트워크 문제에서의 알고리즘의 수렴속도

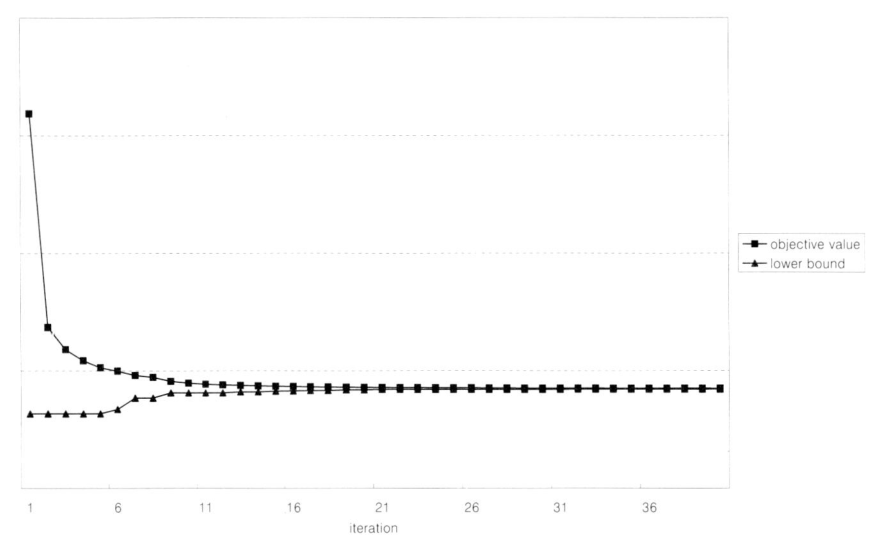

3.2 일반적인 사용자평형조건

사용자평형(user equilibrium)의 개념을 기존의 기호를 사용하여 다음과 같이 요약할 수 있다. Wardrop(1952)은 네트워크에 통행을 배정하는 두 가지 원칙을 제안하였다. 여기에서 통행시간은 일반화된 통행비용에 해당한다.

정의 16 (Wardrop의 첫 번째 조건)**.** 사용한 모든 경로의 통행시간은 동일하고 사용되지 않은 경로를 통행하는 차량이 경험하는 통행시간보다 작거나 같다.

즉 혼잡한 네트워크를 사용하는 통행자의 경우 자신이 경험하는 통행시간이 가장 작은 경로를 선택한다는 통행자의 합리적인 행태를 가정하였다.

따라서 이 조건을 사용자최적 원칙(user optimum principle) 혹은 사용자평형 원칙(user equilibrium principle)조건으로 부른다.

정의 17 (Wardrop의 두 번째 조건)**.** 네트워크의 모든 사용자가 경험하는 통행시간의 합은 최소이다.

Wardrop의 두 번째 조건은 사용자들이 경험하는 통행시간을 모두 합하면 그 값이 최소가 되어야 한다는 조건이다. 두 번째 조건은 일반적으로 시스템 최적 원칙(system optimum principle) 조건으로 부른다.

위의 Wardrop의 평형조건을 수식으로 나타내기 위하여, 네트워크를 나타내는 수학적인 모형은 다음과 같다. 도로 네트워크는 노드들의 집합 V와 방향이 있는 링크들의 집합 A로 구성된 방향이 있는 그래프 $G = (V, A)$로 주어진다. 통행수요가 있는 O/D를 (r, s)로 나타내고 (r, s)의 통행수요를 q_{rs}로 표시한다. (r, s)를 연결하는 경로들의 집합을 P_{rs}로 표시한다. 경로 $k \in P_{rs}$에는 경로통행량 f_k^{rs}가 통과하고, 경로 k에 링크 a가 속할 경우, $\delta_{ak}^{rs} = 1$로 표시한다. δ_{ak}^{rs}는 링크와 경로들의 관계를 나타내는 incidence행렬로 간단하게 $\boldsymbol{\Delta}$로 표시한다. 링크 a를 통과하는 링크통행량은 그 링크를 통과하는 모든 경로통행량의 합이므로

$$x_a = \sum_{rs} \sum_{k} \delta_{ak}^{rs} f_k^{rs} \quad \forall a \in A \tag{3.23a}$$

가 성립한다. O/D (r, s)의 통행수요 q_{rs}는 모든 경로통행량의 합이고 경로통행량은 양의 값을 가지므로,

$$\sum_{k} f_k^{rs} = q_{rs} \quad \forall r, s \tag{3.23b}$$

$$f_k^{rs} \geq 0 \quad \forall k, r, s \tag{3.23c}$$

경로 k가 P_{rs}에 속하는 것을 $\lambda_k^{rs} = 1$로 나타내고 λ_k^{rs}를 행렬로 $\mathbf{\Lambda}$로 표시할 경우, 식 (3.23)은 행렬과 벡터를 사용하여 다음과 같이 간단하게 표시할 수 있다.

$$\mathbf{x} = \mathbf{\Delta f} \tag{3.24}$$

$$\mathbf{q} = \mathbf{\Lambda f} \tag{3.25}$$

$$\mathbf{f} \geq \mathbf{0} \tag{3.26}$$

식 (3.24)을 만족하는 링크통행량벡터 $\mathbf{x} = (\ldots, x_a, \ldots)$들의 집합을 Ω로 표시한다. 즉,

$$\Omega = \{\mathbf{x} | \mathbf{x} = \mathbf{\Delta f}, \mathbf{q} = \mathbf{\Lambda f}, \mathbf{f} \geq \mathbf{0}\} \tag{3.27}$$

정의 18 (고정수요 사용자평형). 다음 조건을 만족하는 경로통행량 $\mathbf{f} = (\ldots, f_k^{rs}, \ldots)$는 Wardrop의 첫 번째 조건, 즉 사용자평형상태에 있다. 즉, 기종점 (r, s)를 연결하는 두 개의 경로 $k \neq l$가 있는 경우

$$k \neq l, f_k^{rs} > 0 \Rightarrow c_k^{rs} \leq c_l^{rs}$$

즉 사용되지 않은 경로의 통행시간은 사용된 경로의 통행시간보다 크거나 같다. 이 조건은 다음 식과 동일하다.

$$f_k^{rs} > 0 \Rightarrow c_k^{rs} = u_{rs} \tag{3.28}$$

$$f_k^{rs} = 0 \Rightarrow c_k^{rs} \geq u_{rs} \tag{3.29}$$

정의 19. 링크통행량 x_a는 다음 조건을 만족하는 경우 고정수요 사용자평형

상태이다.

$$c_k^{rs} - u_{rs} \geq 0 \quad \forall k, r, s \tag{3.30}$$

$$(c_k^{rs} - u_{rs}) f_k^{rs} = 0 \quad \forall k, r, s \tag{3.31}$$

$$x_a = \sum_{rs} \sum_k \delta_{ak}^{rs} f_k^{rs} \quad \forall a \tag{3.32}$$

여기에서 O/D (r, s)를 연결하는 경로 k의 통행시간 $c_k^{rs} = \sum_a \delta_{ak}^{rs} t_a(x_a)$이고 u_{rs}는 기종점 (r, s)를 연결하는 최소비용경로 의 통행시간이다.

(3.30)와 (3.31)으로 부터, 사용자평형상태에서 (3.30)에 따라 $c_k^{rs} \geq u_{rs}$이고, 모든 경로통행량 $f_k^{rs} \geq 0$이므로, 사용자평형 경로통행량 $f_k^{rs^*}$와 일반적인 경로통행량 f_k^{rs}는 다음 식을 만족한다. 아래에서 $c_k^{rs^*}$는 사용자평형 상태의 경로 k의 통행시간이다.

$$(c_k^{rs^*} - u_{rs})(f_k^{rs} - f_k^{rs^*}) \geq 0 \quad \forall k, r, s \tag{3.33}$$

(3.33)를 모든 O/D (r, s)의 경로들에 대하여 합하면

$$\sum_{rs} \sum_k (c_k^{rs^*} - u_{rs})(f_k^{rs} - f_k^{rs^*}) \geq 0$$

즉

$$\begin{aligned}
\sum_{rs} \sum_k c_k^{rs^*} (f_k^{rs} - f_k^{rs^*}) &\geq \sum_{rs} \sum_k u_{rs} (f_k^{rs} - f_k^{rs^*}) \\
&= \sum_{rs} u_{rs} (q_{rs} - q_{rs}) = 0
\end{aligned}$$

위 식의 첫 번째 항은

$$\begin{aligned}\sum_{rs}\sum_{k} c_k^{rs^*}(f_k^{rs} - f_k^{rs^*}) &= \sum_{rs}\sum_{k}[\sum_{a}\delta_{ak}^{rs} t_a(x_a^*)](f_k^{rs} - f_k^{rs^*}) \\ &= \sum_{a} t_a(x_a^*)\sum_{rs}\sum_{k}[f_k^{rs} - f_k^{rs^*}]\delta_{ak}^{rs} \\ &= \sum_{a} t_a(x_a^*)(x_a - x_a^*) \geq 0 \qquad (3.34)\end{aligned}$$

식 (3.34)는 링크통행량에 대한 사용자평형상태를 정의한다. $R^{|A|}$의 벡터들 $\mathbf{t}(\mathbf{x}^*) = (\ldots, t_a(x_a^*), \ldots)$, $\mathbf{x} = (\ldots, x_a, \ldots)$, $\mathbf{x}^* = (\ldots, x_a^*, \ldots)$로 정의하면, 링크통행량에 대한 사용자평형조건을 다음과 같이 정의한다.

정의 20. 제약식을 만족하는 링크통행량 $\mathbf{x}^*$는 다음 변동부등식을 만족하는 경우 사용자평형조건을 만족한다.

$$\mathbf{t}(\mathbf{x}^*)^T \cdot (\mathbf{x} - \mathbf{x}^*) \geq 0 \quad \forall \mathbf{x} \in \Omega \qquad (3.35)$$

링크통행시간 $t_a(\cdot)$가 모든 링크통행량 $\mathbf{x}$의 함수인 경우에도, (3.35)은 성립한다. 식 (3.35)를 링크통행량에 대한 사용자평형조건을 나타내는 변동부등식으로 정의한다.

사용자평형상태를 만족하는 링크통행량이 고유한 값을 갖기 위한 필요충분조건은 식 (3.35)에서 함수 $\mathbf{t}(\mathbf{x})$의 Jacobian 행렬 $\nabla\mathbf{t}(\mathbf{x})$가 양정치(positive definite)행렬인 경우 성립한다. 링크통행량간에 상호작용이 없는 경우, Jacobian 행렬 $\nabla\mathbf{t}(\mathbf{x})$는 대각행렬이 되고 대각항은 $t_a'(x_a)$이 된다. 따라서 링크통행시간 함수 $t_a(x_a)$가 증가함수, 즉 $t_a'(x_a) > 0$인 경우, Jacobian 행렬은 양정치행렬이 되고 사용자평형상태를 만족하는 링크통행량의 고유값이 보장된다.

식 (3.34)을 만족하는 링크통행량은 사용자평형 조건을 만족한다. (3.34)에

의해

$$\sum_{rs}\sum_{k} c_k^{rs^*} f_k^{rs} \geq \sum_{rs}\sum_{k} c_k^{rs^*} f_k^{rs^*}$$

이고 $\Omega_f = \{\mathbf{f}|\mathbf{\Lambda f} = \mathbf{q}, \mathbf{f} \geq \mathbf{0}\}$로 정의할 경우, 다음 선형계획법문제의 최적해는 $\mathbf{f}^*$가 된다.

$$\min_{\mathbf{f}\in\Omega_f} \sum_{rs}\sum_{k} c_k^{rs^*} f_k^{rs} \geq \sum_{rs}\sum_{k} c_k^{rs^*} f_k^{rs^*} \tag{3.36}$$

벡터 $\mathbf{c}(\mathbf{f}^*) = (\ldots, c_k^{rs^*}, \ldots)$, $\mathbf{u} = (\ldots, u_{rs}, \ldots)$, $\eta = (\ldots, \eta_k^{rs}, \ldots)$인 경우, 식 (3.36)의 선형계획법문제의 최적조건은 다음과 같다. 아래에서 $\mathbf{u}$는 제약식 $\mathbf{\Lambda f} = \mathbf{q}$의 쌍대변수이고, η는 $\mathbf{f} \geq \mathbf{0}$에 대한 쌍대변수이다.

$$\mathbf{c}(\mathbf{f}^*) - \eta - \mathbf{\Lambda}^T\mathbf{u} = 0 \tag{3.37a}$$

$$\eta^T\mathbf{f}^* = 0 \tag{3.37b}$$

$$\mathbf{\Lambda f}^* - \mathbf{q} = 0 \tag{3.37c}$$

$$\eta \geq \mathbf{0} \tag{3.37d}$$

(3.37a)와 (3.37b)로 부터 $f_k^{rs^*} > 0$인 경우 $\eta_k^{rs} = 0$이고, $c_k^{rs^*} = u_{rs}$가 성립한다. 또한 $f_k^{rs^*} = 0$인 경우에는 $c_k^{rs^*} = u_{rs} + \eta_k^{rs}$이고, $\eta_k^{rs} \geq 0$이므로, $c_k^{rs^*} \geq u_{rs}$가 성립하여 사용자평형조건을 만족한다.

식 (3.36)는 경로통행량으로 나타낸 사용자평형조건을 정의한다.

정의 21. 제약식을 만족하는 경로통행량 $\mathbf{f}^*$는 다음 변동부등식을 만족하는 경우, 사용자평형조건을 만족한다.

$$(\mathbf{f} - \mathbf{f}^*)^T \cdot \mathbf{c}(\mathbf{f}^*) \geq 0 \quad \forall \mathbf{f} \in \Omega_f \tag{3.38}$$

3.3 RSD 알고리즘

Hearn et al.(1987)이 제안한 RSD(Restricted Simplicial Decomposition) 알고리즘은 Frank-Wolfe 알고리즘의 수렴속도를 개선하는 알고리즘으로 알려져 있다. RSD 알고리즘은 simplicial decomposition 알고리즘에 해당하며, 알고리즘 내부에서 저장하는 simplex의 extreme point들의 개수가 한정된 알고리즘이다. 먼저 simplicial decomposition 알고리즘을 소개한다.

본 절에서 푸는 볼록최적화문제는 다음과 같다.

$$\text{minimize } \{f(x) : Bx \leq b, x \geq 0\} \tag{3.39}$$

위 문제의 제약식은 선형방정식과 부등식으로 정의되는 가능해의 집합

$$S = \{Bx \leq b, x \geq 0\} \tag{3.40}$$

이 polytope인 경우 제약식을 만족하는 가능해를 polytope의 extreme point들의 볼록조합 으로 나타낼 수 있다. 총 N개의 extreme point가 있는 경우, $x \in S$에 대하여,

$$x = \sum_{i=1}^{N} \lambda_i a_i, \ \sum_{i=1}^{N} \lambda_i = 1, \ \ \lambda_i \geq 0, i = 1, \ldots, N \tag{3.41}$$

으로 나타낼 수 있다. 여기에서 a_i는 extreme point 벡터이다. a_i가 열(column)인 행렬을 A로 표시할 때

$$x = A\lambda, \ \lambda^T e = 1, \ \lambda \geq 0 \tag{3.42}$$

로 나타낼 수 있다. 또한 원래의 문제 (3.39)을 새로운 변수 λ_i를 사용하여

다음과 같이 나타낼 수 있다.

$$\text{minimize } \{f(A\lambda) : \sum_{i=1}^{N} \lambda_i = 1, \lambda_i \geq 0, i = 1, \ldots, N\} \tag{3.43}$$

위와 같은 접근법의 약점은 일반적으로 polytope의 모든 extreme point를 사전에 찾기는 불가능하므로 이러한 문제를 푸는 알고리즘에서는 extreme point들의 일부만 생성하여 알고리즘을 시작하고, 단계가 진행되는 중에 추가로 extreme point를 생성한다. 주문제(master problem)와 부문제(subproblem)로 구성된 알고리즘의 개요는 다음과 같다.

단계 1. 집합 W가 초기에 생성한 extreme point들의 집합이다.

단계 2 (주문제). $\hat{x}$가 $f(x)$를 conv(W)에서 최소화하는 점이라고 가정할 때, $\hat{x}$가 문제 (3.39)을 푸는 경우 알고리즘을 종료하고, 그렇지 않으면, $\lambda_i = 0$에 해당하는 extreme point들을 집합 W로 부터 제거한다.

단계 3 (부문제).

$$\hat{y} = \text{argmin}\{\nabla f(\hat{x})^T y : \ y \in S\} \tag{3.44}$$

이면, $W = W \cup \{\hat{y}\}$이고 단계 2로 간다.

M^k가 함수 $f(x)$의 $\hat{x}$에서의 Hessian이라면, 함수 $f(x)$의 $\hat{x}$에서의 근사값은 Taylor 공식을 사용하여 다음과 같이 계산된다.

$$\hat{f}(y|\hat{x}) = f(\hat{x}) + \nabla f(\hat{x})^T (y - \hat{x}) + \frac{1}{2}(y - \hat{x})^T M_k (y - \hat{x}) \tag{3.45}$$

식 (3.45)를 목적함수로 하는 이차최적화문제

$$\text{minimize } \{\hat{f}(y|\hat{x}) : y \in S\} \tag{3.46}$$

의 최적해는 벡터 $\hat{x} - M_k^{-1}\nabla f(\hat{x})$를 집합 S에 norm

$$||x_k|| = (x^T M_k x)^{1/2}$$

에 대한 projection이다.

W가 현재 저장한 extreme point들의 집합인 경우 W의 convex hull은 다음과 같이 나타낼 수 있다.

$$\text{conv}(W) = \{x : x = \sum_i \lambda_i w^i, \sum_i \lambda_i = 1, \lambda_i \geq 0, \forall i \text{ and } w^i \in W\} \tag{3.47}$$

따라서 주문제와 부문제로 구성된 알고리즘을 정리하면 다음과 같다.

단계 1 (초기화). $x^0 \in S$인 가능해 x^0를 찾는다. $n = 1$

단계 2 (부문제). 다음 선형계획법 문제를 풀어서 단계 n에서의 해 y^n를 구한다.

$$\nabla f(x^n)^T y^n = \min \{\nabla f(x^n)^T y : y \in S\} \tag{3.48}$$

단계 3 (종료조건). 주문제의 종료조건은 $\nabla f(x^n)^T(y^n - x^n) \geq 0$인 경우, 알고리즘을 종료하고 x^n가 문제 (3.46) 의 최적해이다. 그렇지 않은 경우 $|W^n| < r$인 경우 $W^{n+1} = W^n \cup \{y^n\}$로 y^n를 현재의 extreme point집합에 추가한다. $|W^n| = r$인 경우에는, W^n에서 이전 단계 에 추가되었던 두 벡터를 x^n과 y^n로 교체하여 집합 W^{n+1}를 구성한다.

단계 4 (주문제). $\hat{f}(x^{n+1}) = \min\{\hat{f}(z) : z \in \text{conv}(W^{n+1})\}$를 풀어서 x^{n+1}를 구한다. 위의 문제를 풀 때, x^{n+1}를 생성하는 계수가 0인 벡터들을 W^{n+1}에서 제거하고 단계 2로 간다.

단계 2의 식 (3.48) 문제는 고정수요통행배정문제의 목적함수 감소 방향벡터를 찾는 부문제와 동일하다. 따라서 기종점별로 최단경로를 찾는 문제이다.

고정수요 통행배정의 경우 $\nabla f(\hat{x}) = t(\hat{x})$이다. 여기에서 벡터 $t(\hat{x}) = (t_a(\hat{x}_a))$ 즉 링크통행량이 $\hat{x}_a$일 때의 링크통행비용벡터이다. 따라서 $y = A\lambda$인 경우, 식 (3.45)을 다시 쓰면,

$$\begin{aligned}
&\hat{f}(A\lambda|\hat{x}) = f(\hat{x}) + t(\hat{x})^T(A\lambda - \hat{x}) + \frac{1}{2}(A\lambda - \hat{x})^T M_k (A\lambda - \hat{x}) \\
&= f(\hat{x}) + t(\hat{x})^T A\lambda - t(\hat{x})^T \hat{x} + \frac{1}{2}[\lambda^T A^T M_k A\lambda - 2\lambda^T A^T M_k \hat{x} + \hat{x}^T M_k \hat{x}] \\
&= \frac{1}{2}\lambda^T A^T M_k A\lambda + \lambda^T[A^T t(\hat{x}) - A^T M_k \hat{x}] + (f(\hat{x}) - t(\hat{x})^T \hat{x} + \frac{1}{2}\hat{x}^T M_k \hat{x})
\end{aligned} \tag{3.49}$$

즉, λ의 이차함수가 된다. 따라서 단계 4의 최적화문제는 단순한 제약식을 갖는 이차최적화문제이다. $A^T M_k A$가 대각행렬인 경우 식 (3.49)과 제약식 $\sum_j \lambda_j = 1$, $\lambda_j \geq 0$, $\forall j$을 가진 이차최적화문제에 대한 효과적인 알고리즘은 Held, Wolfe, and Crowder(1974), Helgason, Kennington, and Lall(1980), Brucker(1984)에 소개되었다. Lawphongpanich et al.(1986)에서는 $A^T M_k A$의 근사치로 $0.75 \times \nabla f(x^n)^T(x^n - y^n)$을 대각요소로 갖는 대각행렬을 사용한 결과를 제시하였다.

3.4 DSD 알고리즘

Larsson과 Patriksson(1992)의 DSD(Disaggregated Simplicial Decomposition) 알고리즘은 열생성(column generation) 접근법을 경로기반 통행배정과 결합한 알고리즘이다. 열생성기법은 알고리즘의 단계에서 새로운 열이 생성될 때 마다 그 열을 추가하여, 열들의 convex hull이 단계별로 확장되는 알고리즘이다. 최소화문제의 경우 가능해가 커짐에 따라 그 최소값이 감소하므로, 단계별로 최소목적함수의 값은 점차 최적목적값에 수렴한다. RSD 알고리즘에서는 각 단계별로, 최적 링크 통행량 벡터가 열에 해당한다. 주문제의 가능해집합 W는

부문제의 최적해인 링크통행량 벡터들 $\mathbf{y}^n$의 convex hull이다. DSD알고리즘에서는 RSD알고리즘과 달리 각 단계에서 기종점을 연결하는 경로들의 집합이 확장되는 절차를 사용한다.

경로통행량의 합이 기종점 O/D q_{rs}이므로

$$\sum_k f_k^{rs} = q_{rs} \quad \forall r, s$$

로 나타낼 수 있다.

기종점 (r, s)를 연결하는 경로들의 집합을 P_{rs}로 부르고 그 부분집합을 $\hat{P}_{rs} \subseteq P_{rs}$로 표시한다. 기종점별을 연결하는 모든 경로들 대신, 경로들의 부분 집합만 알고 있는 경우, 고정수요통행배정문제를 다음과 같이 표현할 수 있다.

$$\min \quad T(\mathbf{f}) = \sum_a \int_0^{x_a} t_a(\omega) d\omega \tag{3.50a}$$

$$\text{subject to} \quad \sum_{k \in \hat{P}_{rs}} f_k^{rs} = q_{rs} \quad \forall r, s \tag{3.50b}$$

$$f_k^{rs} \geq 0 \quad \forall k \in \hat{P}_{rs}, \quad \forall r, s \tag{3.50c}$$

여기에서 링크통행량은 다음 식으로 주어진다.

$$x_a = \sum_{rs} \sum_{k \in \hat{P}_{rs}} f_k^{rs} \tag{3.51}$$

문제 (3.50을 열생성 문제의 주문제(reduced master problem, RMP)로 부른다. 열생성 기법에서는 먼저 위의 RMP (3.50)을 풀어서 경로통행량 f_k^{rs}를 갱신한다. 새로운 경로통행량을 식 (3.51)에 대입하여 링크통행량 x_a^n와 $t_a(x_a^n)$를 갱신하고 다음으로는 추가할 열을 찾는 부문제(subproblem)를 풀어서 새로 추가할 열을 찾아서 열들의 집합(여기에서는 경로들의 집합인 $\hat{P}_{rs}$가 열들의 집합에 해당한다.)에 추가하거나, 추가할 열이 없는 경우 알고리즘을 종료한다. 이러한 두 절차를 알고리즘의 종료조건을 만족할 때까지 반복한다.

단계 n에서 푸는 RMP 문제는 제약식이 선형인 볼록최적화문제이다. 목적함수를 감소하는 방향벡터를 찾기 위한 RMP를 푸는 알고리즘은 크게 미분투영(gradient point projection) 기법과 Newton 기법이 있다. 단계 n에서의 경로통행량 벡터 $\mathbf{f}^n$가 주어진 경우 목적함수 (3.50a)의 경로통행량에 대한 일차미분은

$$\frac{\partial T(\mathbf{f}^n)}{\partial f_k^{rs}} = \sum_a t_a(x_a^n)\delta_{ak}^{rs} = c_k^{rs^n} \tag{3.52}$$

으로 주어진다. 현재의 가능해 $f_k^{rs^n}$에서 일차미분벡터의 반대방향으로 수정한 가능해는

$$f_k^{rs^n} - \alpha c_k^{rs^n}$$

으로 주어진다. 이 벡터를 제약조건들의 가능해 집합으로 투영(projection)하는 문제는 다음과 같은 이차최적화문제이다.

$$\min \quad \sum_k [(f_k^{rs^n} - \frac{1}{\alpha} c_k^{rs^n}) - g_k^{rs}]^2 \tag{3.53a}$$

$$\text{subject to} \quad \sum_k g_k^{rs} = q_{rs} \tag{3.53b}$$

$$g_k^{rs} \geq 0 \quad \forall k \tag{3.53c}$$

문제 (3.53)의 최적해는 경로통행량으로 표현된 가능해의 집합에서 $f_k^{rs^n} - \alpha c_k^{rs^n}$에 가장 가까운 점을 찾는 문제이다. 스텝길이 α는 사전에 정해진 상수인데, $\alpha = 1$을 주로 사용한다. 이러한 접근법을 미분투영(gradient point projection) 알고리즘으로 부른다.

문제 (3.53)에서 변수 g_k^{rs}는 보조변수이다. 이 문제의 최적해를 $g_k^{rs^n}$이라

하자. $g_k^{rs^n}$는 문제 (3.53)의 라그랑지안 문제인

$$\min \quad \sum_k [(f_k^{rs^n} - \frac{1}{\alpha} c_k^{rs^n}) - g_k^{rs}]^2 + \lambda(\sum_k g_k^{rs} = q_{rs}) \tag{3.54a}$$

$$\text{subject to} \qquad g_k^{rs} \geq 0 \quad \forall k \tag{3.54b}$$

를 풀어서 구한다. 이 문제에 대한 효과적인 알고리즘은 Held, Wolfe, and Crowder(1974)에 소개되었다.

최적해 $g_k^{rs^n}$를 구한 후 링크통행량 공간에서의 다음 단계의 가능해를 다음과 같이 갱신한다.

$$y_a^n = \sum_{rs} \sum_k g_k^{rs^n} \delta_{ak}^{rs} \tag{3.55}$$

이 후의 절차는 Frank-Wolfe 알고리즘과 동일한 스텝길이결정방법을 사용하여 링크통행량 공간에서 다음 단계의 해를 구하고 링크통행비용을 수정한다.

미분가능한 함수 $f(x)$의 x^n에서의 이차근사치를 Taylor공식을 사용하여

$$f(x) = f(x^n) + \nabla f(x^n) + \frac{1}{2}(x - x^n)^T H(x^n)(x - x^n)$$

여기에서 $H(x^n)$는 $f(x)$의 Hessian 행렬을 나타낸다. Newton 방향벡터는 목적함수의 이차근사함수를 사용하여 가능해를 찾는 절차이다.

먼저 목적함수의 2차 미분값은

$$\frac{\partial^2 T(f)}{\partial f_k^{rs^2}} = \sum_a \frac{dt_a(x_a^n)}{dx_a} \delta_{ak}^{rs} \tag{3.56}$$

이므로, 목적함수 (3.50a)의 Hessian 행렬의 대각항을 $b_k^{rs} = \sum_a \frac{dt_a(x_a^n)}{dx_a} \delta_{ak}^{rs}$로

표시한다. RMP의 Newton 방향문제는 다음과 같은 이차최적화문제이다.

$$\min \quad \sum_k [c_k^{rs}(g_k^{rs} - f_k^{rs^n}) + \frac{1}{2} b_k^{rs}(g_k^{rs} - f_k^{rs^n})^2] \tag{3.57a}$$

$$\text{subject to} \quad \sum_k g_k^{rs} = q_{rs} \tag{3.57b}$$

$$g_k^{rs} \geq 0 \quad \forall k \tag{3.57c}$$

미분투영법(gradient point projection method)과 마찬가지로 (3.54)의 최적해 $g_k^{rs^n}$를 사용하여 링크통행량을 다음과 같은 수정된 경로통행량을 이용하여 계산한다.

$$f_k^{rs^n} + \alpha_n(g_k^{rs^n} - f_k^{rs^n}), \ k \in \hat{P}_{rs} \tag{3.58}$$

다음에는 새로운 열(column), 즉 경로를 추가하는 부문제의 해법을 소개한다. 위와 같이 경로통행량이 갱신되어 $f_k^{rs^{n+1}}$가 정해지면, 식 (3.51)에 의해

$$x_a^{n+1} = \sum_{rs} \sum_k \delta_{ak}^{rs} f_k^{rs^{n+1}} \quad \forall a \tag{3.59}$$

가 얻어지고, 새로운 링크통행비용 $t_a^{n+1} = t_a(x_a^{n+1})$를 정한다. 새로운 링크통행비용 t_a^{n+1}를 사용하여 Dijkstra 알고리즘을 적용하여 기종점별 최단경로를 얻는다. 새 경로가 발견되면 경로의 집합 $\hat{P}_{rs}$에 추가한다.

고정수요 통행배정문제의 DSD 알고리즘과 열생성기법 절차를 소개하면 요약하면 다음과 같다.

단계 1 (초기화). $n = 0$, 다음 식을 만족하는 $f_k^{rs^n}$를 정한다.

$$\sum_{k \in \hat{P}_{rs}} f_k^{rs^n} = q_{rs} \quad \forall r, s$$

$$f_k^{rs^n} \geq 0 \quad \forall k \in \hat{P}_{rs}, \quad \forall r, s$$

단계 2 (주문제). RMP 문제를 풀어서 최적경로통행량 $f_k^{rs^n}$를 계산한다.

단계 3 (종료기준). 종료기준을 만족하면 알고리즘을 종료하고 그렇지 않으면 단계 4로 간다.

단계 4 (부문제). 경로통행량을 이용하여 링크통행량 보조변수를 수정하고 스텝길이를 결정하여 다음 단계의 링크통행량 $\mathbf{x}^n$를 갱신한다. 링크비용을 갱신하고 단계 2로 간다.

3.5 시스템최적 통행배정모형

이 절에서는 Wardrop의 두 번째 원칙을 만족하는 시스템최적 통행배정문제를 소개한다. 수요가 고정되어있는 시스템최적 통행배정모형은 다음과 같은 볼록최적화 문제로 나타내어진다.

$$\min \quad z(\mathbf{x}) = \sum_a t_a(x_a)x_a \tag{3.60a}$$

$$\text{subject to} \quad \sum_k f_k^{rs} = q_{rs} \quad \forall r, s \tag{3.60b}$$

$$f_k^{rs} \geq 0 \quad \forall k, r, s \tag{3.60c}$$

여기에서 링크통행량 $x_a = \sum_{rs} \sum_k f_k^{rs} \delta_{ak}^{rs}$, $a \in A$로 정의한다. 링크 a가 경로 k에 속하는 경우 $\delta_{ak}^{rs} = 1$, 그렇지 않은 경우 $\delta_{ak}^{rs} = 0$이 된다. 경로 $k \in P_{rs}$로 하고, P_{rs}는 기종점 (r, s)를 연결하는 경로들의 집합이다.

문제 (3.60)의 목적함수 (3.60a)은 시스템내의 모든 이용자가 통행에 소비한 비용의 총량을 나타낸다. 따라서 시스템최적 통행배정모형은 사용자평형 통행배정문제와 달리 각 이용자위주의 통행배정이 아니라 목적이 시스템 전체에서 이용자들이 소비한 총통행시간을 최소화하는 문제이다.

본 절에서는 문제 (3.60)의 KKT최적조건을 구하고, 시스템최적 통행배정 문제에 대한 Frank-Wolfe 알고리즘을 소개한다.

문제 (3.60)의 KKT최적조건은 다음과 같이 계산한다. 먼저 라그랑지안 함수를

$$L(x,u) = \sum_a t_a(x_a)x_a + \sum_{rs} u_{rs}(q_{rs} - \sum_k f_k^{rs})$$

로 정의하고, KKT 최적조건(2.7)을 적용하면 최적조건은 다음과 같다.

$$\frac{\partial L(\cdot)}{\partial f_k^{rs}} \geq 0 \quad \forall k,r,s \tag{3.61a}$$

$$\frac{\partial L(\cdot)}{\partial f_k^{rs}} f_k^{rs} = 0 \quad \forall k,r,s \tag{3.61b}$$

$$\sum_k f_k^{rs} = q_{rs} \quad \forall r,s \tag{3.61c}$$

$$f_k^{rs} \geq 0 \quad \forall k,r,s \tag{3.61d}$$

식 (3.61a)의 미분은 다음과 같이 계산한다.

$$\frac{\partial L(\cdot)}{\partial f_k^{rs}} = \sum_a (t_a(x_a) + \frac{dt_a(x_a)}{dx_a} x_a)\delta_{ak}^{rs} - u_{rs} = \tilde{c}_k^{rs} - u_{rs} \tag{3.62}$$

여기에서 $\tilde{c}_k^{rs} = \sum_a (t_a(x_a) + \frac{dt_a(x_a)}{dx_a} x_a)\delta_{ak}^{rs}$이다. $\tilde{c}_k^{rs}$는 경로 k의 링크의 통행시간과 한계통행시간의 합으로 표현된 링크들의 비용들을 더한 경로의 일반통행비용으로 해석할 수 있다.

따라서 KKT 최적조건 (3.61)은 다음과 같이 쓸 수 있다.

$$\tilde{c}_k^{rs} - u_{rs} \geq 0 \quad \forall k, r, s \tag{3.63a}$$

$$(\tilde{c}_k^{rs} - u_{rs}) f_k^{rs} = 0 \quad \forall k, r, s \tag{3.63b}$$

$$\sum_k f_k^{rs} = q_{rs} \quad \forall r, s \tag{3.63c}$$

$$f_k^{rs} \geq 0 \quad \forall k, r, s \tag{3.63d}$$

$f_k^{rs} > 0$인 경우, 식 (3.63b)에 따라, $\tilde{c}_k^{rs} = u_{rs}$ 이고, $f_k^{rs} = 0$인 경우에는 $\tilde{c}_k^{rs} \geq u_{rs}$가 된다. 즉 경로 k에 통행량이 있는 경우, 경로 k의 통행시긴은 최소통행시간 u_{rs}이고 통행량이 없는 경우에는 통행시간이 최소통행시간보다 크거나 같다. 따라서 조건 (3.63)은 경로통행비용 c_k^{rs}대신에 일반화된 경로통행비용 $\tilde{c}_k^{rs}$를 사용하는 사용자평형 통행배정조건의 확장된 조건이다.

3.6 통행배정 알고리즘의 최근동향

고정수요 통행배정 모형은 교통계획에서 가장 널리 사용되는 모형이다. 고정수요통행배정 문제를 푸는 상용소프트웨어는 EMME/2, TRANSCAD, SATURN, CONTRAM 등이 있다. 이 중 대표적인 소프트웨어는 캐나다 INRO사의 EMME/2 소프트웨어이다. 최근에 와서는 고정수요 통행배정 알고리즘이 대규모의 네트워크에 적용되고 있다. Bar-Gera [5]에 수록된 네트워크 사례 중 대형네트워크에 속하는 문제인 Chicago 지역네트워크의 경우 O/D 존이 1,790, 노드의 수는 12,982이고 링크의 수는 39,018이다. 또한 Philadelphia 시 네트워크의 경우 O/D 존이 1,520, 노드의 수는 13,389이고 링크의 수는 40,003이다. O/D 존이 n인 경우, 존내부 통행량을 제외한 서로 다른 존들의 수가 $n(n-1)/2$ 이므로 존의 수의 제곱형태의 O/D 데이터가 사용된다. 따라서 이러한 대형 네트워크 문제를 풀기 위해서는 통행배정 알고리즘의 수렴속도가 빨라야 한다.

Frank-Wolfe 알고리즘은 일반적으로 초기단계의 수렴속도는 빠르지만, 최적해에 접근해감에 따라 속도가 현저히 느려진다.

통행배정 알고리즘의 수렴속도를 개선하는 알고리즘으로 이 장에서는 RSD 알고리즘과 DSD 알고리즘을 소개하였다. 최근에는 Gallager(1977)의 알고리즘에 기초한 Dial의 알고리즘 [23]과 Bar-Gera의 기점기반 통행배정 모형 [6]가 소개되었다. DSD 알고리즘이 순수한 경로기반 알고리즘인 반면, Dial 및 Bar-Gera의 알고리즘은 특정한 단일 기점을 시작점으로 하는 cycle이 없는 bush라 부르는 자료구조를 사용한 알고리즘이다. 여기에서 bush는 단일기점과 종점 노드를 연결하는 경로들의 집합이며 cycle이 없는 그래프이다.

제 4 장

변동수요 통행배정모형

지금까지는 기종점간 O/D통행량이 데이터로 주어진 통행배정문제를 살펴보았다. 지역간에 고속도로의 신설이 예정된 경우 지역간 통행의 발생이나 분포가 신설될 고속도로로 인한 통행시간 절감에 영향을 받게 된다. 따라서 고속도로의 신설이 네트워크에 미치는 영향을 평가하기 위해서는 고정수요 대신 기종점간 통행이 존간 통행시간의 함수로 정의되는 모형이 필요하다. 이 장에서는 O/D통행량이 통행시간의 함수로 주어지는 변동수요 통행배정모형을 소개한다.

4.1 변동수요 통행배정 모형

3장에서 고려한 통행배정모형의 경우 기종점 통행수요 q_{rs}는 외부에서 주어진 데이터로서 고정된 값을 가진다. 이 장에서는 통행수요 q_{rs}가 기종점간 최단통행시간 u_{rs}의 함수로 주어지는 경우의 사용자평형모형을 소개한다. 수요가 고정된 경우의 사용자평형조건은 정의 18에 소개되었다. 3장과 마찬가지로 링크통행량 $x_a = \sum_{rs} \sum_k \delta_{ak}^{rs} f_k^{rs}$, 경로통행비용 $c_k^{rs} = \sum_a \delta_{ak}^{rs} t_a(x_a)$, 기종점간 최단경로비용 $u_{rs} = \min_k\{c_k^{rs} : k \in P_{rs}\}$로 정의할 때, 고정수요 사용자평형 조건은 다음과 같이 정의된다.

정의 22 (고정수요 사용자평형). 통행량보존 제약식 $\sum_k f_k^{rs} = q_{rs}, \forall r, s, f_k^{rs} \geq 0, \forall k, r, s$을 만족하는 경로통행량 f_k^{rs}가 다음 식을 만족하는 경우 사용자평형상태에 있다.

$$f_k^{rs} > 0 \Rightarrow c_k^{rs} = u_{rs} \tag{4.1a}$$

$$f_k^{rs} = 0 \Rightarrow c_k^{rs} \geq u_{rs} \tag{4.1b}$$

이 장에서 소개하는 변동수요 통행배정모형의 경우 기종점간 통행수요 q_{rs}는 의사결정변수가 되고 통행수요 q_{rs}는 기종점간 최단경로비용 u_{rs}의 함수 $d_{rs}(u_{rs})$로 가정한다.일반적으로 기종점간의 통행시간이 증가하면 통행수요는 감소한다고 가정할 수 있다. 따라서 함수 $d_{rs}(\cdot)$는 단조감소(monotone decreasing) 함수로 가정한다. 또한 $d_{rs}(\cdot)$의 역함수 $d_{rs}^{-1}(q_{rs})$는 $d_{rs}(\cdot)$가 감소함수이므로, 기종점 수요량 q_{rs}의 단조감소 함수가 된다. 따라서 통행량 q_{rs}와 기종점 통행시간의 관계를 다음과 같이 나타낼 수 있다.

$$q_{rs} = d_{rs}(u_{rs}) \quad \forall r, s \tag{4.2a}$$

$$u_{rs} = d_{rs}^{-1}(q_{rs}) \quad \forall r, s \tag{4.2b}$$

경로통행비용 c_k^{rs}를 경로통행량의 함수로 표현하여 $c_k^{rs} = c_k^{rs}(f_k^{rs})$로 쓰면, 통행수요가 기종점간 최단경로비용의 함수로 주어지는 변동수요에서의 사용자평형은 다음과 같이 정의된다.[29]

정의 23 (변동수요 사용자평형). 다음 식을 만족하는 경로통행량 $f_k^{rs^*}$와 최단경로통행비용 u_{rs}^*은 변동수요 사용자평형상태를 만족한다.

$$(c_k^{rs}(f_k^{rs^*}) - u_{rs}^*)f_k^{rs^*} = 0 \quad \forall k, r, s \tag{4.3a}$$

$$c_k^{rs}(f_k^{rs^*}) - u_{rs}^* \geq 0 \quad \forall k, r, s \tag{4.3b}$$

$$\sum_k f_k^{rs^*} - d_{rs}(u_{rs}^*) = 0 \quad \forall r, s \tag{4.3c}$$

$$f_k^{rs^*} \geq 0, \quad \forall k, r, s \tag{4.3d}$$

$$u_{rs}^* \geq 0 \quad \forall r, s \tag{4.3e}$$

정리 23을 링크통행량 $x_a^* = \sum_a \delta_{ak}^{rs} f_k^{rs^*}$과 수요역함수 $d_{rs}^{-1}(q_{rs})$를 사용하여 변동부등식으로 정의하면 다음과 같이 정의할 수 있다.

정의 24. 다음의 변동부등식을 만족하는 링크통행량 x_a^*, 통행수요 q_{rs}^*는 변동수요 사용자평형조건을 만족한다.

$$\sum_a t_a(x_a^*)(x_a - x_a^*) - \sum_{rs} d_{rs}^{-1}(q_{rs}^*)(q_{rs} - q_{rs}^*) \geq 0 \tag{4.4a}$$

여기에서 경로통행량과 링크통행량은 다음의 통행량보존제약식을 만족한다

$$\sum_k f_k^{rs^*} = q_{rs}^* \quad \forall r, s \tag{4.4b}$$

$$f_k^{rs^*} \geq 0 \quad \forall k, r, s \tag{4.4c}$$

$$x_a^* = \sum_{rs} \sum_k \delta_{ak}^{rs} f_k^{rs^*} \quad \forall a \tag{4.4d}$$

링크통행량 및 기종점통행량 간에 상호작용이 없다고 가정할 때, 정의 23을 만족하는 경로통행량과 통행수요는 다음과 같은 최적화문제를 풀어서 계산할

수 있다.

$$\min \quad z(\mathbf{x}, \mathbf{q}) = \sum_a \int_0^{x_a} t_a(\omega) d\omega - \sum_{rs} \int_0^{q_{rs}} d_{rs}^{-1}(\omega) d\omega \tag{4.5a}$$

$$\text{subject to} \quad \sum_k f_k^{rs} = q_{rs} \quad \forall r, s \tag{4.5b}$$

$$f_k^{rs} \geq 0 \quad \forall k, r, s \tag{4.5c}$$

$$q_{rs} \geq 0 \quad \forall r, s \tag{4.5d}$$

고정수요통행배정모형과 마찬가지로 링크통행량 $x_a = \sum_{rs} \sum_k \delta_{ak}^{rs} f_k^{rs}$이다. 목적함수는 링크통행량 x_a 및 기종점통행량 q_{rs}의 함수이다. 또한 링크의 vdf 함수 $t_a(x_a)$가 단조증가함수이므로 식 (4.5a)의 첫 번째 항은 볼록함수이다. 또한 역함수 $d_{rs}^{-1}(q_{rs})$가 단조감소함수이므로, 두 번째 항 역시 볼록함수이다. 따라서 문제 (4.5)는 링크통행량 x_a 및 통행수요 q_{rs}의 볼록최적화문제이다. 링크통행량 x_a는 그 링크를 통과하는 경로통행량의 합이지만 특정 링크통행량에 해당하는 다양한 경로통행량의 조합이 가능하므로, 고정수요 통행배정문제와 마찬가지로 문제 (4.5)은 경로통행량에 대하여 고유한 해를 갖지 않는다. 변동수요 통행배정모형에서는 고정수요 통행배정모형과 달리 O/D 통행량 q_{rs}가 의사결정변수이다.

링크통행량 $x_a = \sum_{rs} \sum_k \delta_{ak}^{rs} f_k^{rs}$, $\forall a$, 즉 경로통행량으로 나타낼 수 있으므로, 링크통행량 벡터 $\mathbf{x}$를 $\mathbf{x}(\mathbf{f})$로 표시한다. 따라서 식 (4.5a)의 의사결정변수를 경로통행량 f_k^{rs}와 O/D 통행량 q_{rs}로 간주할 수 있다. 문제 (4.5) 의 라그랑지안 함수를 쌍대변수 u_{rs}를 사용하여 아래와 같이 정의한다.

$$L(\mathbf{f}, \mathbf{q}, \mathbf{u}) = \sum_a \int_0^{x_a(\mathbf{f})} t_a(\omega) d\omega - \sum_{rs} \int_0^{q_{rs}} d_{rs}^{-1}(\omega) d\omega + \sum_{rs} u_{rs}(q_{rs} - \sum_k f_k^{rs}) \tag{4.6}$$

f_k^{rs}와 q_{rs}의 최적해는 비음조건식

$$f_k^{rs} \geq 0 \quad \forall k, r, s$$
$$q_{rs} \geq 0 \quad \forall r, s$$

을 만족하고 라그랑지안 함수 (4.6)를 최소화하는 해이다. 따라서 KKT 최적 조건은 다음과 같이 주어진다.

$$f_k^{rs} \frac{\partial L(\mathbf{f}, \mathbf{q}, \mathbf{u})}{\partial f_k^{rs}} = 0 \quad \forall k, r, s \tag{4.7a}$$

$$\frac{\partial L(\mathbf{f}, \mathbf{q}, \mathbf{u})}{\partial f_k^{rs}} \geq 0 \quad \forall k, r, s \tag{4.7b}$$

$$q_{rs} \frac{L(\mathbf{f}, \mathbf{q}, \mathbf{u})}{\partial q_{rs}} = 0 \quad \forall r, s \tag{4.7c}$$

$$\frac{L(\mathbf{f}, \mathbf{q}, \mathbf{u})}{\partial q_{rs}} \geq 0 \quad \forall r, s \tag{4.7d}$$

$$\frac{L(\mathbf{f}, \mathbf{q}, \mathbf{u})}{\partial u_{rs}} = 0 \quad \forall r, s \tag{4.7e}$$

$$f_k^{rs} \geq 0 \quad \forall k, r, s \tag{4.7f}$$

$$q_{rs} \geq 0 \quad \forall r, s \tag{4.7g}$$

위 식에서 기종점 (r,s)의 경로 $k \in P_{rs}$에 대한 라그랑지안 함수의 미분은

$$\frac{\partial L(\mathbf{f}, \mathbf{q}, \mathbf{u})}{\partial f_k^{rs}} = \frac{\partial L(\mathbf{f}, \mathbf{u})}{\partial f_k^{rs}} = c_k^{rs} - u_{rs} \tag{4.8}$$

또한 라그랑지안 함수의 기종점 수요 q_{rs} 에 대한 미분은 아래와 같이 주어진다.

$$\frac{\partial L(\mathbf{q}, \mathbf{u})}{\partial q_{rs}} = \frac{\partial}{\partial q_{rs}}[-\sum_{rs} \int_0^{q_{rs}} d_{rs}^{-1}(\omega) d\omega + \sum_{rs} u_{rs}(q_{rs} - \sum_k f_k^{rs})]$$

$$= -d_{rs}^{-1}(q_{rs}) + u_{rs} \tag{4.9}$$

식 (4.8), (4.9)을 사용하여 KKT 최적조건을 단순화하면 식 (4.10)과 같이 주어진다.

$$f_k^{rs}(c_k^{rs} - u_{rs}) = 0 \quad \forall k, r, s \tag{4.10a}$$

$$c_k^{rs} - u_{rs} \geq 0 \quad \forall k, r, s \tag{4.10b}$$

$$q_{rs}[u_{rs} - d_{rs}^{-1}(q_{rs})] = 0 \quad \forall r, s \tag{4.10c}$$

$$u_{rs} - d_{rs}^{-1}(q_{rs}) \geq 0 \quad \forall r, s \tag{4.10d}$$

$$q_{rs} - \sum_k f_k^{rs} = 0 \quad \forall r, s \tag{4.10e}$$

$$f_k^{rs} \geq 0 \quad \forall k, r, s \tag{4.10f}$$

$$q_{rs} \geq 0 \quad \forall r, s \tag{4.10g}$$

위 식 (4.10c)으로 부터, $q_{rs} > 0$인 경우, 다음 식이 성립한다.

$$u_{rs} = d_{rs}^{-1}(q_{rs})$$

즉 O/D 수요량 q_{rs} 은

$$d_{rs}(u_{rs}) = q_{rs}$$

또한 (4.10d)로 부터 아래 식이 성립한다.

$$u_{rs} \geq d_{rs}^{-1}(q_{rs})$$

즉, 기종점 최소통행시간 $u_{rs} > d_{rs}^{-1}(q_{rs})$인 경우, $q_{rs} = 0$이 성립한다. 식 (4.10a), (4.10b) 및 (4.10f)은 고정수요 통행배정문제의 사용자평형 조건과 일

치한다. 즉 기종점 통행시간 $c_k^{rs} > u_{rs}$보다 큰 경우 경로통행량 $f_k^{rs} = 0$이고, $f_k^{rs} > 0$인 경우, $c_k^{rs} = u_{rs}$이다.

문제 (4.5)의 경우 O/D 통행량 q_{rs}가 증가할수록 목적함수의 두 번째 항의 적분값은 커지고, 따라서 -1 이 곱해진 두 번째 항의 적분값은 작아진다. 따라서 목적함수를 최소화하기 위해서는 q_{rs}의 값이 커져야 한다. 하지만, q_{rs}가 커짐에 따라 첫 번째 항의 적분은 증가한다. 따라서 q_{rs}의 값이 무한정 증가할 수 없다. 따라서 q_{rs}에 대한 유한한 상한값을 정할 수 있다. 아래 기술하는 변동수요 통행배정문제의 Frank-Wolfe 알고리즘에서는 O/D q_{rs}에 대한 상한 $\bar{q}_{rs}$가 주어져 있다고 가정한다.

$$\min z(\mathbf{x}, \mathbf{q}) = \sum_a \int_0^{x_a} t_a(\omega)d\omega - \sum_{rs} \int_0^{q_{rs}} d_{rs}^{-1}(\omega)d\omega \tag{4.11a}$$

$$\text{subject to} \quad f_k^{rs} \geq 0 \quad \forall r, s \tag{4.11b}$$

$$q_{rs} \leq \bar{q}_{rs} \quad \forall r, s \tag{4.11c}$$

$$q_{rs} = \sum_k f_k^{rs} \quad \forall r, s \tag{4.11d}$$

여기에서 링크통행량과 기종점통행수요는 다음과 같이 경로통행량 f_k^{rs}의 함수로 나타낼 수 있다.

$$x_a = x_a(\mathbf{f}) = \sum_{rs}\sum_k f_k^{rs}\delta_{ak}^{rs} \quad \forall a$$

$$q_{rs} = q_{rs}(\mathbf{f}^{rs}) = \sum_k f_k^{rs} \quad \forall r, s$$

의사결정변수를 f_k^{rs}로 가정할 때, 문제 (4.11)는 아래와 같이 주어진다.

$$\min z(\mathbf{f}) = \sum_a \int_0^{x_a(\mathbf{f})} t_a(\omega)d\omega - \sum_{rs} \int_0^{q_{rs}(\mathbf{f}^{rs})} d_{rs}^{-1}(\omega)d\omega \tag{4.12a}$$

$$\text{subject to} \quad f_k^{rs} \geq 0 \quad \forall r, s \tag{4.12b}$$

$$q_{rs} \leq \bar{q}_{rs} \quad \forall r, s \tag{4.12c}$$

단계 n에서 현재 경로통행량 벡터 $\mathbf{f}^n$가 주어진 경우 목적함수를 감소하는 방향벡터를 구하는 부문제의 목적함수는 다음과 같다.

$$\min\ z^n(\mathbf{f}) = \sum_{rs} \sum_k \frac{\partial z(f^n)}{\partial f_k^{rs}} g_k^{rs}$$

위 식에서 편미분 $\frac{\partial z(f^n)}{\partial f_k^{rs}}$는 다음과 같이 계산한다.

$$\frac{\partial z[x(\mathbf{f}^n), q(\mathbf{f}^n)]}{\partial f_k^{rs}} = c_k^{rs}(\mathbf{f}^n) - d_{rs}^{-1}(\mathbf{f}^n)$$

따라서 단계 n에서 푸는 방향벡터를 계산하는 부문제는 다음과 같다. 아래에서 보조변수는 경로통행량 g_k^{rs}를 사용하였다.

$$\min\ z^n(\mathbf{g}) = \sum_{rs} \sum_k [c_k^{rs^n} - d_{rs}^{-1}(q_{rs}^n)] g_k^{rs} \tag{4.13a}$$

$$\text{subject to} \quad g_k^{rs} \geq 0 \quad \forall k, r, s \tag{4.13b}$$

$$\sum_k g_k^{rs} \leq \bar{q}_{rs} \quad \forall r, s \tag{4.13c}$$

위의 문제가 기종점별로 분해 가능하므로 기종점 (r, s)에 대한 부문제는 아래와 같다.

$$\min\ z^{rs^n}(\mathbf{g}^{rs}) = \sum_k [c_k^{rs^n} - d_{rs}^{-1}(q_{rs}^n)] g_k^{rs} \tag{4.14a}$$

$$\text{subject to} \quad g_k^{rs} \geq 0 \quad \forall k \tag{4.14b}$$

$$\sum_k g_k^{rs} \le \bar{q}_{rs} \tag{4.14c}$$

문제 (4.14)의 최적해는 다음과 같이 쉽게 계산할 수 있다. 단계 n의 현재 기종점 수요 q_{rs}^n와 링크통행량 x_a^n에 대하여 각 링크의 통행비용 $t_a^n = t_a(x_a^n)$인 경우 기종점간 최단경로를 계산하고 기종점 (r, s)간의 최단경로를 m으로 표시한다. 최단경로의 길이 $c_m^{rs^n}$와 $d_{rs}^{-1}(q_{rs}^n)$를 비교하여 다음과 같이 전량배정한다.

$$\text{If } c_m^{rs^n} < d_{rs}^{-1}(q_{rs}^n), \text{ set } g_m^{rs^n} = \bar{q}_{rs} \text{ and } g_k^{rs^n} = 0 \quad \forall k \ne m \tag{4.15a}$$

$$\text{If } c_m^{rs^n} > d_{rs}^{-1}(q_{rs}^n), \text{ set } g_m^{rs^n} = 0 \quad \forall k \tag{4.15b}$$

보조변수 $g_m^{rs^n}$의 값을 정한 후, 보조변수인 링크통행량 y_a^n와 기종점수요량 v_{rs}^n의 값은 다음과 같이 계산한다.

$$y_a^n = \sum_{rs} \sum_k g_k^{rs^n} \delta_{ak}^{rs} \quad \forall a \tag{4.16a}$$

$$v_{rs}^n = \sum_k g_k^{rs^n} \quad \forall r, s \tag{4.16b}$$

보조변수벡터 $\mathbf{y}^n = (\ldots, y_a^n, \ldots)$와 $\mathbf{v}^n = (\ldots, v_{rs}^n, \ldots)$는 제약식을 만족하는 가능해의 점이다. 따라서 이 경우 목적함수를 감소하는 방향벡터는 고정수요 통행배정과 마찬가지로 $\mathbf{y}^n - \mathbf{x}^n$와 $\mathbf{v}^n - \mathbf{q}^n$로 주어진다.

식 (4.17)은 최적스텝길이를 구하는 스텝길이결정 문제이다.

$$\begin{aligned} \alpha_n = \ \text{argmin } z(\alpha) = & \sum_a \int_0^{x_a^n + \alpha(y_a^n - x_a^n)} t_a(\omega) d\omega \\ & - \sum_{rs} \int_0^{q_{rs}^n + \alpha(v_{rs}^n - q_{rs}^n)} d_{rs}^{-1}(\omega) d\omega \end{aligned} \tag{4.17a}$$

$$\text{subject to} \quad 0 \le \alpha \le 1 \tag{4.17b}$$

따라서 다음 단계의 해 $(x_a^{n+1}, q_{rs}^{n+1})$는 다음과 같이 갱신한다.

$$x_a^{n+1} = x_a^n + \alpha_n(y_a^n - x_a^n) \tag{4.18a}$$

$$q_{rs}^{n+1} = q_{rs}^n + \alpha_n(v_{rs}^n - q_{rs}^n) \tag{4.18b}$$

알고리즘의 종료는 고정수요문제와 마찬가지로 기종점별 최단통행시간의 값의 변화를 측정하거나

$$u_{rs}^n \simeq u_{rs}^{n-1} \quad \forall r, s$$

혹은 KKT 최적조건식을 만족하는지 여부를 확인한다.

$$d_{rs}^{-1}(q_{rs}^n) \simeq u_{rs}^n \quad q_{rs}^n > 0 \text{ 인 모든 O/D } (r,s)\text{에 대하여}$$

또한 위의 두 가지 조건을 합하여 차이의 합이 κ보다 작으면 종료한다.

$$\sum_{rs} \frac{|d_{rs}^{-1}(q_{rs}^n) - u_{rs}^n|}{u_{rs}^n} + \sum_{rs} \frac{|u_{rs}^n - u_{rs}^{n-1}|}{u_{rs}^n} \leq \kappa$$

4.2 로짓수요함수 변동수요 통행배정모형

다음에서는 Sheffi(1985) 6장에 소개된 로짓수요함수를 갖는 변동수요 통행배정모형을 소개한다. 이 모형은 기종점간에 승용차와 대중교통수단 두 가지 교통수단이 제공될 때 사용자평형조건을 만족하는 수단별 통행량 및 링크통행량을 계산하는 모형이다. 수단선택은 일반적으로 4단계 교통수요 모형 중 세 번째 단계에 속하고 일반적으로 기종점별 통행수요가 결정된 후 로짓함수와 같은 이산선택모형을 사용하여 결정된다. 이 절에서 소개하는 모형은 수단선택과 통행배정이 결합된 모형이다. 이 절에서는 수단선택 통행배정문제에 대한 Frank-Wolfe 알고리즘과 감소방향을 계산하는 부문제로 원래 문제의 부

분선형화모형을 사용하는 알고리즘을 소개한다.

승용차를 이용한 기종점간 최소통행시간이 u_{rs}이고 승용차가 아닌 다른 통행수단, 예를 들어 버스나 지하철과 같은 대중교통수단의 최소통행시간이 $\hat{u}_{rs}$로 주어진 경우를 가정하자. 승용차를 선택하는 기종점 수요량을 q_{rs}, 대중교통수단을 선택하는 통행량을 $\hat{q}_{rs}$로 할 때, 수단선택확률이 이항로짓으로 주어진 경우 승용차를 선택하는 확률은

$$\frac{q_{rs}}{\bar{q}_{rs}} = \frac{e^{-\theta u_{rs}}}{e^{-\theta u_{rs}} + e^{-\theta \hat{u}_{rs}}} \tag{4.19}$$

로 정의한다. 여기에서 모수 θ는 양의 값을 갖고 일반적으로 데이터로부터 추정한다.

식 (4.19)을 $e^{-\theta u_{rs}}$로 나누면

$$\frac{q_{rs}}{\bar{q}_{rs}} = \frac{1}{1 + e^{-\theta(\hat{u}_{rs} - u_{rs})}} \tag{4.20}$$

이고, 이를 u_{rs}에 대하여 풀면 다음과 같은 로짓수요함수를 구할 수 있다.

$$u_{rs}(q_{rs}) = \frac{1}{\theta} \ln(\frac{\bar{q}_{rs}}{q_{rs}} - 1) + \hat{u}_{rs} \quad \forall r, s \tag{4.21}$$

초과통행변수를 대중교통수단을 선택하는 통행량으로 정의하면 $\hat{q}_{rs} = \bar{q}_{rs} - q_{rs}$를 사용하여 식 (4.21)에 대입하면 초과통행함수는 다음과 같다.

$$w_{rs}(\hat{q}_{rs}) = \frac{1}{\theta} \ln \frac{\hat{q}_{rs}}{\bar{q}_{rs} - \hat{q}_{rs}} + \hat{u}_{rs} \quad \forall r, s \tag{4.22}$$

이러한 초과통행함수를 갖는 변동수요 통행배정문제는 다음과 같다.

$$\min z(\mathbf{x}, \hat{\mathbf{q}}) = \sum_a \int_0^{x_a} t_a(\omega) d\omega + \sum_{rs} \int_0^{\hat{q}_{rs}} (\frac{1}{\theta} \ln \frac{\omega}{\bar{q}_{rs} - \omega} + \hat{u}_{rs}) d\omega \tag{4.23a}$$

$$\text{subject to} \quad \sum_k f_k^{rs} + \hat{q}_{rs} = \bar{q}_{rs} \quad \forall r, s \tag{4.23b}$$

$$f_k^{rs} \geq 0 \quad \forall k, r, s \tag{4.23c}$$

$$0 < \hat{q}_{rs} < \bar{q}_{rs} \quad \forall r, s \tag{4.23d}$$

위 문제의 KKT최적조건에서 라그랑지안 함수를 변수 $\hat{q}_{rs}$에 대하여 미분하면 다음과 같은 최적조건을 구할 수 있다.

$$\frac{1}{\theta} \ln \frac{\hat{q}_{rs}}{\bar{q}_{rs} - \hat{q}_{rs}} + \hat{u}_{rs} = u_{rs} \quad \forall r, s$$

이 식을 $\hat{q}_{rs}$에 대하여 풀고, $\bar{q}_{rs}$로 나누면 다음식이 성립한다.

$$\frac{\hat{q}_{rs}}{\bar{q}_{rs}} = \frac{1}{1 + e^{\theta(\hat{u}_{rs} - u_{rs})}} \quad \forall r, s$$

위 식에 $e^{-\theta \hat{u}_{rs}}$를 곱하면

$$\frac{\hat{q}_{rs}}{\bar{q}_{rs}} = \frac{e^{-\theta \hat{u}_{rs}}}{e^{-\theta \hat{u}_{rs}} + e^{-\theta u_{rs}}} \quad \forall r, s \tag{4.24}$$

즉 대중교통수단을 선택하는 비율은 로짓함수형태를 갖는다.

단계 n에서의 경로 k의 경로통행시간을 $c_k^{rs^n}$으로 표시하고, 경로 m이 최단경로인 경우, $\hat{q}_{rs}^n$은 단계 n에서의 초과통행량을 나타낼 때, 목적함수를 감소시키는 방향벡터를 계산하기 위한 선형계획법문제의 목적함수는 보조변수 g_k^{rs}와 w_{rs}를 사용하여 다음과 같이 나타낼 수 있다.

$$\sum_{rs} \sum_k c_k^{rs^n} g_k^{rs} + \sum_{rs} [\frac{1}{\theta} \ln \frac{\hat{q}_{rs}^n}{\bar{q}_{rs} - \hat{q}_{rs}^n} + \hat{u}_{rs}] w_{rs} \tag{4.25}$$

이고 제약식은 식 (4.23b) - (4.23d)을 만족한다. 이 문제는 다른 통행배정문제의

부문제들과 마찬가지로 기종점별로 분해되고 최적해는 다음과 같이 계산한다.

$$\text{if } c_m^{rs^n} < \frac{1}{\theta}\ln\frac{\hat{q}_{rs}^n}{\bar{q}_{rs}-\hat{q}_{rs}^n}+\hat{u}_{rs}, \quad g_m^{rs}=\bar{q}_{rs},\, g_k^{rs}=0,\, k\neq m,\, w_{rs}=0 \tag{4.26a}$$

$$\text{if } c_m^{rs^n} \geq \frac{1}{\theta}\ln\frac{\hat{q}_{rs}^n}{\bar{q}_{rs}-\hat{q}_{rs}^n}+\hat{u}_{rs}, \quad g_k^{rs}=0,\, \forall k,\, w_{rs}=\bar{q}_{rs} \tag{4.26b}$$

문제 (4.23)의 목적함수를 감소하는 방향벡터를 계산하는 부문제를 식 (4.23a)의 첫 번째 항만 선형화하여 다음과 같이 나타낼 수 있다.

$$\min z(\mathbf{x},\hat{\mathbf{q}}) = \sum_a t_a^n y_a + \sum_{rs}\int_0^{\hat{v}_{rs}} (\frac{1}{\theta}\ln\frac{\omega}{\bar{q}_{rs}-\omega}+\hat{u}_{rs})d\omega \tag{4.27a}$$

$$\text{subject to} \quad \sum_k g_k^{rs} + \hat{v}_{rs} = \bar{q}_{rs} \quad \forall r,s \tag{4.27b}$$

$$g_k^{rs} \geq 0 \quad \forall k,r,s \tag{4.27c}$$

$$0 < \hat{v}_{rs} < \bar{q}_{rs} \quad \forall r,s \tag{4.27d}$$

이 부문제의 최적해는 다음과 같이 계산한다. 이전 단계에서 구한 링크통행량 $\{x_a^{n-1}\}$과 기종점간 승용차수단수요 $\{q_{rs}^{n-1}\}$가 주어진 경우, 각 링크의 비용을 $t_a^n = t_a(x_a^{n-1})$으로 정하고 기종점별로 최단경로를 계산하고, 최단경로비용 u_{rs}^n을 계산한다. 식 (4.24)를 이용하여

$$v_{rs} = \bar{q}_{rs}\frac{e^{-\theta u_{rs}^n}}{e^{-\theta\hat{u}_{rs}}+e^{-\theta u_{rs}^n}} \quad \forall r,s \tag{4.28}$$

으로 하고, 기종점별 최단경로에 v_{rs}를 전량배정하여 보조링크통행량 $\{y_a\}$를 계산한다. 목적함수를 감소하는 방향벡터는 $\mathbf{y}-\mathbf{x}^{n-1}$과 $\mathbf{v}-\mathbf{q}^{n-1}$이 된다. 이러한 부문제를 사용하는 알고리즘을 부분선형화(partial linearization) 알고리즘, 혹은 Evans 알고리즘으로 부른다.

4.3 네트워크 변환 해법

Gartner(1980a, 1980b)와 Sheffi(1985)에서는 변동수요 통행배정문제를 네트워크에 가상의 링크를 추가하여 고정수요 통행배정문제로 변환하는 방법에 대하여 소개하였다. 네트워크의 기점 r과 종점 s에 대하여 가상의 종점 r'을 추가하고 노드 s와 노드 r'을 링크로 연결하고 노드 r과 노드 r'을 링크로 연결한다. 즉 모든 O/D에 대하여 1개의 가상의 종점노드를 추가하고 두 개의 링크를 추가하여 확장된 네트워크를 구성한다. 링크 (s, r')에는 통행비용을

$$t_{sr'} = -d_{rs}^{-1}(\cdot) \quad \forall r, s \tag{4.29a}$$

로 정의하고, 링크 (r, r')의 통행비용은

$$t_{rr'} = 0 \quad \forall r, s \tag{4.29b}$$

로 정한다.

확장된 네트워크에서 O/D통행량이 $\bar{q}_{rs}$로 정해진 고정수요통행배정 문제는 다음과 같다.

$$\min z(\mathbf{x}) = \sum_a \int_0^{x_a} t_a(\omega)d\omega + \sum_{rs} \int_0^{x_{sr'}} t_{sr'}(\omega)d\omega + \sum_{rs} \int_0^{x_{rr'}} t_{rr'}(\omega)d\omega \tag{4.30a}$$

$$\text{subject to } \sum_k f_k^{rs} + x_{rr'} = \bar{q}_{rs} \quad \forall r, s \tag{4.30b}$$

$$f_k^{rs} \geq 0 \quad \forall k, r, s \tag{4.30c}$$

$$x_{rr'} \geq 0 \quad \forall r, s \tag{4.30d}$$

그림 4.1은 기종점 (r, s)마다 가상 노드 r'을 추가하고 두 개의 가상 링크 (s, r'), (r, r')을 연결한 확장된 네트워크이다. 노드 r과 s사이에는 원래 문제처럼 통행량 q_{rs}가 통과하고, 잉여통행량 $\bar{q}_{rs} - q_{rs}$는 링크 (r, r')을 통과한다. 또한 링크통행량 $x_{sr'} = q_{rs}$가 되고, 이 때 통행비용은 $\int_0^{x_{sr'}} t_{sr'}(\omega) d\omega$이다. 링크 (r, r')의 통행비용 $t_{rr'} = 0$이므로, 문제 (4.30)는 문제 (4.11)와 동일하다.

그림 4.1: 잉여통행링크가 포함된 확장네트워크

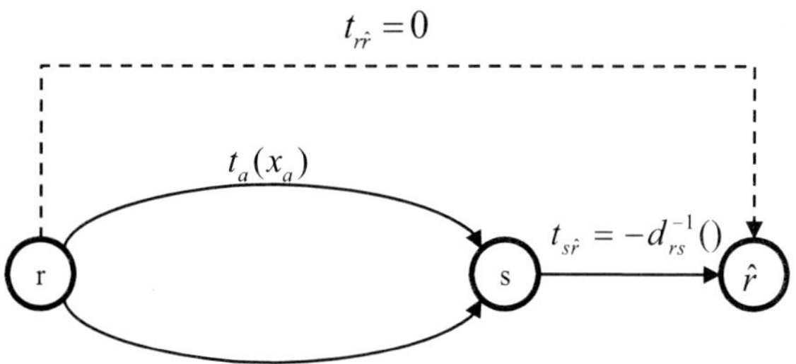

문제 (4.30)를 Frank-Wolfe 알고리즘으로 푸는 경우, 선형계획법 부문제의 목적함수에서 보조변수 g_k^{rs}의 계수는 식 (4.30a)를 경로통행량으로 미분한 값에 해당한다. 이전의 고정수요 통행배정문제와 달리, 기점 r과 종점 r'을 연결하는 경로의 비용은 원래의 네트워크에서의 경로통행비용 $c_k^{rs^n}$과 링크 (s, r')의 비용 $-d_{rs}^{-1}(q_{rs}^n)$을 합한 값 $c_k^{rs^n} - d_{rs}^{-1}(q_{rs}^n)$이다. 기점 r과 r'을 연결하는 최단경로는 모든 경로 중 $c_k^{rs^n} - d_{rs}^{-1}(q_{rs}^n)$이 최소가 되는 경로비용과 가상링크 (r, r')의 경로비용인 0과 비교하여 찾는다. 따라서 식 (4.15)과 동일한 식이 성립한다.

초과통행 통행배정모형

다음에서는 초과통행(excess flow)을 사용하는 알고리즘을 소개한다. 기종점별로 최대수요와 현재의 기종점수요 간의 차이를 초과통행으로 정의한다.

$$e_{rs} = \bar{q}_{rs} - q_{rs}$$

변수 e_{rs}를 사용하면 수요함수의 역함수를 이용하여 초과통행함수 $w_{rs}(\cdot)$를 다음과 같이 정의한다.

$$w_{rs}(e_{rs}) = d_{rs}^{-1}(q_{rs}) \quad \forall r, s$$

변동수요 통행배정문제의 원래 목적함수가 다음과 같이 주어진 경우

$$\min\ z(\mathbf{x}, \mathbf{q}) = \sum_a \int_0^{x_a} t_a(\omega) d\omega - \sum_{rs} \int_0^{q_{rs}} d_{rs}^{-1}(\omega) d\omega$$

위 식의 두 번째 항을 다음과 같이 나눌 수 있다.

$$\int_0^{q_{rs}} d_{rs}^{-1}(\omega) d\omega = \int_0^{\bar{q}_{rs}} d_{rs}^{-1}(\omega) d\omega - \int_{q_{rs}}^{\bar{q}_{rs}} d_{rs}^{-1}(\omega) d\omega \tag{4.31a}$$

위 식의 첫 번째 항은 상수이므로 목적함수에서 뺄 수 있다. 또한 두 번째 적분은 다음과 같이 초과통행 e_{rs}를 사용하여 변환한다.

$$\begin{aligned} -\int_{q_{rs}}^{\bar{q}_{rs}} d_{rs}^{-1}(\omega) d\omega &= -\int_{\bar{q}_{rs}-q_{rs}}^{0} d_{rs}^{-1}(\bar{q}_{rs} - \nu)(-d\nu) \\ &= -\int_0^{e_{rs}} w_{rs}(\nu) d\nu \end{aligned} \tag{4.31b}$$

링크통행량 $\mathbf{x}$와 초과통행 $\mathbf{e}$를 사용하여 정의한 변동수요 통행배정문제는 목적함수

$$\min z(\mathbf{x}, \mathbf{e}) = \sum_a \int_0^{x_a} t_a(\omega) d\omega + \sum_{rs} \int_0^{e_{rs}} w_{rs}(\nu) d\nu \tag{4.32a}$$

와 다음과 같은 제약식으로 표현할 수 있다.

$$\sum_k f_k^{rs} + e_{rs} = \bar{q}_{rs} \quad \forall r, s \tag{4.32b}$$

$$f_k^{rs} \geq 0 \quad \forall k, r, s \tag{4.32c}$$

$$e_{rs} \geq 0 \quad \forall r, s \tag{4.32d}$$

문제 (4.32)에서 초과통행량 e_{rs}를 기종점 (r, s)를 연결하는 가상링크의 통행량으로 해석할 수 있다. 가상링크의 링크통행비용은 $w_{rs}(e_{rs})$로 주어진다. 따라서 (4.32)은 원래 네트워크의 모든 O/D (r, s)에 추가로 가상링크 (r, s)가 연결된 확장된 네트워크에서의 통행배정문제로 해석할 수 있다. 다음 그림 4.2에서

그림 4.2: 초과통행 링크를 포함한 확장네트워크

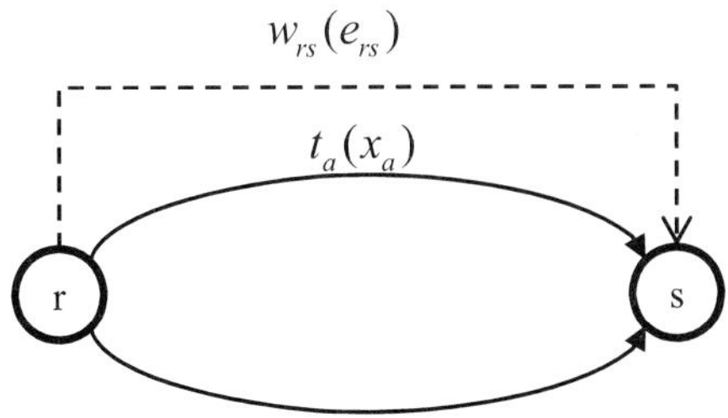

실선으로 된 링크는 원래의 링크를 나타내고 O/D (r,s)를 연결하는 점선으로 된 링크는 초과통행이 통과하는 가상링크를 나타낸다. 또한 초과통행함수 $w_{rs}(e_{rs})$는 통행량 e_{rs}에 대한 링크통행시간을 나타낸다. 식 (4.32b)에 의하면 기종점 (r,s)의 총 O/D수요가 $\bar{q}_{rs}$이므로 위 문제는 확장된 네트워크에서의 고정수요 통행배정문제와 일치한다.

초과통행함수를 사용하여 변환한 통행배정문제의 단계 n에서 감소방향을 계산하기 위한 부문제의 경우, 보조변수 g_k^{rs}는 다음과 같이 계산한다.

$$\text{If } c_m^{rs^n} < w_{rs}(e_{rs}^n), \text{ set } g_m^{rs^n} = \bar{q}_{rs} \text{ and } g_k^{rs^n} = 0 \quad \forall k \neq m \tag{4.33a}$$

$$\text{If } c_m^{rs^n} > w_{rs}(e_{rs}^n), \text{ set } g_m^{rs^n} = 0 \quad \forall k \tag{4.33b}$$

제 5 장

통행분포

전통적인 4단계 교통계획모형은 통행발생(trip production), 통행분포(trip distribution), 수단선택(mode choice), 통행배정(traffic assignment)의 4단계로 이루어져 있다. 통행발생모형에서는 각 기점별로 총통행발생량을 추정한다. 통행분포모형에서는 기점-종점간의 통행량 분포를 결정하는 모형이다. 세 번째 모형인 수단선택 모형에서는 기종점을 연결하는 다수의 수단(mode)간에 통행량이 배분하는 비율을 결정한다. 이 장에서는 2단계인 통행분포에 관련된 모형들을 소개한다. 통행분포에서는 기점 r의 총출발통행량 O_r과 종점 s의 총도착통행량 D_s는 데이터로 주어져있다. 기종점 (r, s)간의 통행량 q_{rs}는 다음 제약식을 만족한다.

$$\sum_s q_{rs} = O_r \quad \forall r \tag{5.1a}$$

$$\sum_r q_{rs} = D_s \quad \forall s \tag{5.1b}$$

$$q_{rs} \geq 0 \quad \forall r, s \tag{5.1c}$$

식 (5.1)는 기점 r에서 출발하는 모든 통행량의 합은 총출발통행량 O_r, 종점 s에 도착하는 통행량의 합은 총도착통행량 D_s이고 통행량은 비음조건을 만족함을 나타내는 제약식이다. 식 (5.1)을 만족하는 통행량들의 집합을 $\mathcal{F}$로 나타낸다. 즉 $q_{rs} \in \mathcal{F}$는 q_{rs}가 식 (5.1)을 만족함을 나타낸다.

5.1 중력모형

통행분포모형의 목적은 기종점별 통행량을 계산하는 것이다. 기종점간 통행량은 기종점간의 통행비용 u_{rs}와 발생통행량 O_r, 도착통행량 D_s의 함수로 가정할 수 있다. 중력모형(gravity model)에서는 제약식 (5.1)을 만족하는 기종점 통행량 q_{rs}를 다음과 같은 식으로 모형화한다.

$$q_{rs} = KO_rD_sf(u_{rs}) \tag{5.2}$$

여기에서 K는 데이터로부터 추정할 상수이고, $f(u_{rs})$는 기종점간 최단통행시간 u_{rs}의 단조감소함수이다. $f(u_{rs})$로 많이 사용되는 함수는

$$f(u_{rs}) = \frac{1}{u_{rs}^2} \tag{5.3}$$

와 지수지체함수(exponential deterrence function)로 불리우는

$$f(u_{rs}) = \exp(-\theta u_{rs}) \tag{5.4}$$

여기에서 $\theta > 0$을 가정한다.

식 (5.3)를 $f(u_{rs})$로 정의할 경우, 식 (5.2)는 q_{rs}를 다음과 같이 물리학의 두

물체간의 상호중력식과 같은 형태로 모형화한다.

$$q_{rs} = K\frac{O_r D_s}{u_{rs}^2} \quad \forall r, s \tag{5.5}$$

위의 중력모형과 제약식 (5.1)을 동시에 만족하기 위해 보조변수 A_r 및 B_s를 도입하여 통행분포 모형을 다음과 같이 나타낼 수 있다.

$$q_{rs} = A_r B_s O_r D_s f(u_{rs}) \quad \forall r, s \tag{5.6}$$

여기에서

$$A_r = \frac{1}{\sum_s B_s D_s f(u_{rs})} \quad \forall r \tag{5.7a}$$

$$B_s = \frac{1}{\sum_r A_r O_r f(u_{rs})} \quad \forall s \tag{5.7b}$$

식 (5.7)을 식 (5.6)에 대입하면, q_{rs}는 제약식 (5.1)을 만족한다. 예를 들어, 식 (5.7a)에 의해

$$q_{rs} = \frac{B_s O_r D_s f(u_{rs})}{\sum_s B_s D_s f(u_{rs})} \tag{5.8a}$$

따라서

$$\sum_s q_{rs} = \frac{\sum_s B_s O_r D_s f(u_{rs})}{\sum_s B_s D_s f(u_{rs})} = O_r \tag{5.8b}$$

5.2 이차원 밸런싱 알고리즘

이절에서는 식 (5.1), (5.6)를 만족하는 통행량 q_{rs}를 계산하기 위한 이차원 밸런싱(two-dimensional balancing)기법을 소개한다. 이차원 밸런싱 기법은 중력

모형(gravity model), 엔트로피 모형이나 Fratar모형 등의 해법으로 사용된다.

식 (5.6)에서 $\alpha_r = A_r O_r$, $\beta_s = B_s D_s$로 놓으면 식 (5.1), (5.6)를 만족하는 통행량 q_{rs}는 다음과 같은 식을 만족한다.

$$q_{rs} = \alpha_r \beta_s c_{rs} \quad \forall r, s \tag{5.9a}$$

$$\sum_s q_{rs} = O_r \quad \forall r \tag{5.9b}$$

$$\sum_r q_{rs} = D_s \quad \forall s \tag{5.9c}$$

$$q_{rs} \geq 0 \quad \forall r, s \tag{5.9d}$$

여기에서 $\sum_r O_r = \sum_s D_s$이다.

식 (5.9)을 만족하는 q_{rs}를 구하는 알고리즘을 일반적으로 밸런싱 기법이라 부른다. 밸런싱 기법은 q_{rs}와 α_r, β_s를 계산한다. 밸런싱 알고리즘은 다음과 같다. [24]

단계 0 (초기화). 단계를 나타내는 인덱스 $l = 0$, 모든 기점 r에 대하여, $\alpha_r^0 = 1$, 모든 종점 s에 대하여 $\beta_s^0 = 1$로 정한다.

단계 1 (행 밸런싱). 모든 기점 r에 대하여 다음을 계산한다.

$$\alpha_r^{l+1} = \frac{O_r}{\sum_s \beta_s^l c_{rs}} \quad \forall r$$

단계 2 (열 밸런싱). 모든 종점 s에 대하여 다음을 계산한다.

$$\beta_s^{l+1} = \frac{D_s}{\sum_r \alpha_r^l c_{rs}} \quad \forall s$$

단계 3 (종료조건 검사). 만약에

$$\max\left[\max_r \frac{\alpha_r^{l+1}-\alpha_r^l}{\alpha_r^{l+1}},\ \max_s \frac{\beta_s^{l+1}-\beta_s^l}{\beta_s^{l+1}}\right] \le \epsilon$$

인 경우 알고리즘을 종료한다. 그렇지 않은 경우, $l = l + 1$로 정하고 단계 1로 간다.

5.3 로짓함수를 포함하는 통행분포/배정모형

지금까지는 기종점간 통행비용이 상수로 고정된 경우의 통행분포모형을 소개하였다. 이 절에서는 기종점간의 통행비용이 기종점간 통행량의 함수로 주어지는 통행분포모형을 소개한다. 기종점간 통행비용이 통행수요의 함수이므로 3장에서 고려한 사용자평형 통행배정 모형과 통행분산을 통합할 필요가 있다. 이 절에서는 먼저 Sheffi(1985)에 소개된 (5.1)의 제약식 중 기점의 총발생통행량에 대한 제약식을 만족하는 통행배정모형을 소개한다.

통행발생(trip production) 제약식을 통행수요함수에 포함하기 위해 다음과 같은 비율모형(share model)을 사용한다.

$$q_{rs} = O_r P_{rs}(\mathbf{u}_r) \quad \forall r, s \tag{5.10}$$

여기에서 $\mathbf{u}_r = (\ldots, u_{rs}, \ldots)$는 기점 r과 모든 목적지간의 최소통행비용을 나타내는 벡터이다. P_{rs}는 기점 r에서 발생하는 총통행량 O_r중에서 종점 s를 선택하는 비율을 의미한다. 따라서 P_{rs}는 확률처럼 아래 식을 만족한다.

$$0 \le P_{rs}(\cdot) \le 1 \tag{5.11a}$$

$$\sum_s P_{rs}(\cdot) = 1 \tag{5.11b}$$

(5.10)와 (5.11)에 의해 통행발생 제약식 (5.1a)을 만족한다.

가장 널리 쓰이는 비율모형은 로짓함수를 사용하는 것이다. 통행분포문제에서는 다음과 같은 다항로짓(multinomial logit) 함수를 사용하여 통행수요를 결정한다.

$$q_{rs} = O_r \frac{e^{-\gamma(u_{rs}-M_s)}}{\sum_m e^{-\gamma(u_{rm}-M_m)}} \quad \forall r, s \tag{5.12}$$

여기에서 M_s는 목적지 s의 통행매력지수(trip attraction)값을 나타내고, γ는 로짓모형의 파라미터이다. 일반적으로 $M_s \geq 0$, $\gamma > 0$를 가정한다. 따라서 통행시간이 감소하거나 목적지의 매력지수가 증가하는 경우 통행수요가 늘어난다. 목적지의 매력지수 M_s와 로짓파라미터 γ는 통행자들에 대한 설문을 통하여 추정할 수 있다.

사용자평형상태에서 통행량은 (5.12)을 만족하며, 모든 O/D간에 사용자평형조건이 만족되어야 한다. 이러한 문제를 최적화모형으로 나타내면 다음과 같다.

$$\min\ z(\mathbf{x}, \mathbf{q}) = \sum_a \int_0^{x_a} t_a(\omega)d\omega + \frac{1}{\gamma}\sum_{rs}(q_{rs}\ln q_{rs} - q_{rs}) - \sum_{rs} M_s q_{rs} \tag{5.13a}$$

$$\text{subject to} \quad \sum_k f_k^{rs} = q_{rs} \quad \forall r, s \quad (u_{rs}) \tag{5.13b}$$

$$\sum_s q_{rs} = O_r \quad \forall r \quad (\mu_r) \tag{5.13c}$$

$$f_k^{rs} \geq 0 \quad \forall k, r, s \tag{5.13d}$$

식 (5.13)의 제약식의 괄호안의 변수는 그 제약식에 대한 쌍대변수를 나타낸다.

위 문제의 1차 최적조건은 문제 (5.13)의 라그랑지안 함수를 경로통행량변수에 대하여 미분하여 구하는데 일반적인 사용자평형조건과 일치한다.

$$(c_k^{rs} - u_{rs})f_k^{rs} = 0 \quad \forall k, r, s$$
$$c_k^{rs} - u_{rs} \geq 0 \quad \forall k, r, s$$

라그랑지안 함수를 O/D 통행량 변수에 대하여 미분하면 다음 조건을 도출할 수 있다.

$$\frac{1}{\gamma}\ln q_{rs} + u_{rs} - M_s - \mu_r = 0 \quad \forall r, s \tag{5.14a}$$

위 식을 q_{rs}에 대하여 풀면 다음 식이 된다.

$$q_{rs} = e^{-\gamma(u_{rs} - M_s - \mu_r)} \quad \forall r, s \tag{5.14b}$$

식 (5.14b)는 O/D (r, s)간의 통행수요함수모형으로 해석할 수 있다. (5.14b)를 (5.13c)에 대입하면, 기점 r의 총발생통행량 O_r를 다음과 같이 나타낼 수 있다.

$$O_r = \sum_m e^{-\gamma(u_{rs} - M_m - \mu_r)} \quad \forall r \tag{5.15}$$

식 (5.14b)를 식 (5.15)로 나누면 다음과 같은 다항로짓함수가 된다.

$$\frac{q_{rs}}{O_r} = \frac{e^{-\gamma(u_{rs} - M_m - \mu_r)}}{\sum_m e^{-\gamma(u_{rs} - M_m - \mu_r)}} = \frac{e^{-\gamma(u_{rs} - M_m)}}{\sum_m e^{-\gamma(u_{rs} - M_m)}} \tag{5.16}$$

따라서 (5.13)에 대한 1차최적조건은 로짓목적지 수요함수를 갖는 통행분포/배정모형의 평형조건과 일치한다.

알고리즘 및 네트워크 변형에 의한 해법

문제 (5.13)은 볼록조합 알고리즘을 약간 수정하여 해를 구할 수 있다. 단계 n에서 목적함수의 감소를 위한 방향을 결정하는 선형계획법 부문제는 다음과 같다.

$$\begin{aligned} \min\ z^n(\mathbf{g}) &= \sum_{rs}\sum_k \frac{\partial z[\mathbf{x}(\mathbf{f}^n), \mathbf{q}(\mathbf{f}^n)]}{\partial f_k^{rs}} g_k^{rs} \\ &= \sum_{rs}\sum_k [c_k^{rs^n} + \frac{1}{\gamma}\ln(q_{rs}^n) - M_s] g_k^{rs} \end{aligned} \tag{5.17a}$$

$$\text{subject to} \quad \sum_s (\sum_k g_k^{rs}) = O_r \quad \forall r \tag{5.17b}$$

$$g_k^{rs} \geq 0 \quad \forall k, r, s \tag{5.17c}$$

위 문제는 기점 r에 따라 분해된다. 따라서 (s,k) 중에서 $c_k^{rs^n} + \frac{1}{\gamma}\ln(q_{rs}^n) - M_s < 0$ 인 경우 해당하는 $g_k^{rs} = O_r$, 그렇지 않으면 $g_k^{rs} = 0$가 된다. 링크통행량 보조변수 $y_a^n = \sum_{rs}\sum_k g_k^{rs}\delta_{ak}^{rs}$ 및 O/D 통행량 보조변수 $v_{rs}^n = \sum_k g_k^{rs}$를 계산하고, 최적스텝길이를 결정하는 다음의 1차원 최소화문제를 푼다.

$$\begin{aligned} \min\ _{0\leq\alpha\leq 1} z(\alpha) &= \sum_a \int_0^{x_a^n + \alpha(y_a^n - x_a^n)} t_a(\omega) d\omega \\ &+ \frac{1}{\gamma}\sum_{rs}[q_{rs}^n + \alpha(v_{rs}^n - q_{rs}^n)]\{\ln[q_{rs}^n + \alpha(v_{rs}^n - q_{rs}^n)] - 1 - \gamma M_s\} \end{aligned} \tag{5.18}$$

기점 r의 총발생통행량 중 종점 s에 배정된 비율은 다음과 같이 계산된다. 이 비율이 단계별로 변화가 없을 경우, 알고리즘을 종료할 수 있다.

$$\frac{q_{rs}^{n+1}}{O_r} = \frac{e^{-\gamma(u_{rs}^n - M_s)}}{\sum_m e^{-\gamma(u_{rm}^n - M_m)}} \quad \forall r, s \tag{5.19}$$

위의 알고리즘을 정리하면 다음과 같다.

단계 1 (초기화). $n = 1$, 초기 가능해 $\{q_{rs}^n\}$, $\{x_a^n\}$를 정한다.

단계 2 (통행시간 갱신). $t_a^n = t_a(x_a^n)$, $\forall a$.

단계 3 (방향벡터 계산). 문제 (5.17)를 풀어서 $\{g_k^{rs^n}\}$를 정하고 다음 식을 이용하여 보조변수값을 정한다.

$$y_a^n = \sum_{rs} \sum_k g_k^{rs^n} \delta_{ak}^{rs}$$

$$v_{rs}^n = \sum_k g_k^{rs^n}$$

단계 4 (스텝길이 결정). 문제 (5.18)를 풀어서 최적 스텝길이 α_n를 결정한다.

단계 5 (통행량 갱신). 다음 단계의 링크통행량 및 기종점수요를 다음과 같이 정한다.

$$x_a^{n+1} = x_a^n + \alpha_n (y_a^n - x_a^n)$$

$$q_{rs}^{n+1} = q_{rs}^n + \alpha_n (v_{rs}^n - q_{rs}^n)$$

단계 6 (알고리즘 종료 결정). 종료기준을 만족하지 않으면, $n = n + 1$로 하고 단계 2로 돌아간다. 그렇지 않으면 종료하고 최적해를 $\{x_a^{n+1}\}$, $\{q_{rs}^{n+1}\}$로 정한다.

로짓 통행분포/배정문제를 네트워크를 수정하여 일반적인 통행배정모형을 사용하여 풀 수 있다. 그림 5.1에서는 각 기점 r별로 가상노드 r'을 추가하고 종점 s와 노드 r'간에 가상링크를 추가한다. 예를 들어 그림 5.1에는 기점이 2개, 종점이 3개인 네트워크에 2개의 가상노드 $1'$과 $2'$가 추가되고 종점과 가상노드 간에 가상링크가 추가된 네트워크를 보여준다.

그림 5.1: 확장네트워크의 구조

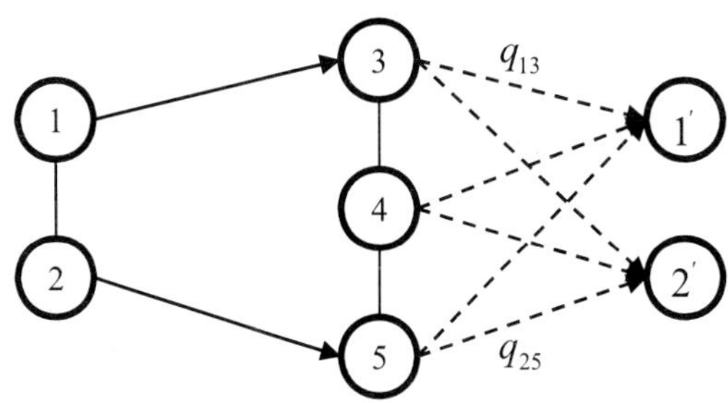

가상링크 (s, r')의 통행비용함수는

$$t_{sr'} = \frac{1}{\gamma} \ln q_{rs} - M_s \quad \forall r, s \tag{5.20}$$

로 주어진다. 문제 (5.13)의 목적함수와 동일함을 증명하려면, (5.20)를 적분하면 된다.

$$\sum_{rs} \int_0^{q_{rs}} t_{sr'}(\omega) d\omega = \frac{1}{\gamma} \sum_{rs} (q_{rs} \ln q_{rs} - q_{rs}) - \sum_{rs} M_s q_{rs} \tag{5.21}$$

수정된 네트워크의 기점 r과 종점 r'사이의 통행수요는 O_r이다.

링크통행비용 $t_{sr'}$가 로그함수를 포함하므로 가상링크의 통행량은 0보다 커야한다. 따라서 다음 식처럼 가상링크의 통행비용함수를 최소통행량 ϵ을 이용하여 수정하여 로그함수가 항상 정의될 수 있도록 한다.

$$t_{sr'} = \begin{cases} \frac{1}{\gamma} \ln q_{rs} - M_s & \text{for } q_{rs} > \epsilon \\ \frac{1}{\gamma} \ln \epsilon - M_s & \text{for } q_{rs} \leq \epsilon \end{cases}$$

5.4 Evans 알고리즘

Evans의 논문에서 소개한 통행분산 및 배정 통합모형문제는 문제 (5.13)에 종점의 도착통행량에 대한 제약식을 추가로 갖고 있는 모형이다. Evans(1976)에서 고려한 통합모형은 다음과 같다.

$$\min z(\mathbf{x}, \mathbf{q}) = \sum_a \int_0^{x_a} t_a(\omega) d\omega + \frac{1}{\gamma} \sum_{rs} (q_{rs} \ln q_{rs} - q_{rs}) \tag{5.22a}$$

$$\text{subject to} \quad \sum_k f_k^{rs} = q_{rs} \quad \forall r, s \quad (u_{rs}) \tag{5.22b}$$

$$\sum_s q_{rs} = O_r \quad \forall r \quad (\mu_r) \tag{5.22c}$$

$$\sum_r q_{rs} = D_s \quad \forall s \quad (\xi_s) \tag{5.22d}$$

$$f_k^{rs} \geq 0 \quad \forall k, r, s \tag{5.22e}$$

$$q_{rs} \geq 0 \quad \forall r, s \tag{5.22f}$$

즉, 목적함수는 문제 (5.13)의 목적함수에서 마지막 항을 제외한 형태이고, 제약식은 종점에서의 도착통행량에 대한 제약식을 추가하였다. 제약식 옆의 괄호안의 기호는 그 제약식에 대한 쌍대변수를 나타낸다. 이 문제의 경우 의사결정변수는 링크통행량 x_a와 O/D통행량 q_{rs}이다.

c_{rs}를 기종점 (r, s)간의 최소통행비용을 나타낼 때, Evans의 논문에서는 먼저 다음과 같은 통행량에 대한 이중제약 중력모형(doubly constrained gravity model)을 고려하였다.

$$\min G(\mathbf{q}) = \sum_{rs} q_{rs} (\ln q_{rs} - \gamma c_{rs} - 1) \tag{5.23a}$$

$$\text{subject to} \quad \sum_s q_{rs} = O_r \quad \forall r \tag{5.23b}$$

$$\sum_r q_{rs} = D_s \quad \forall s \tag{5.23c}$$

$$q_{rs} \geq 0 \quad \forall r, s \tag{5.23d}$$

목적함수 $g(q_{rs}) = q_{rs}(\ln q_{rs} - \gamma c_{rs} - 1)$의 q_{rs}에 대한 일차도함수는

$$\frac{dg(q_{rs})}{dq_{rs}} = \ln q_{rs} - \gamma c_{rs}$$

이차도함수는

$$\frac{d^2 g(q_{rs})}{dq_{rs}^2} = \frac{1}{q_{rs}}$$

이므로 함수 $g(q_{rs})$는 순볼록(strictly convex)함수이다. 따라서 문제 (5.23)는 볼록최적화문제로 고유한 최적해를 갖는다.

문제 (5.23)는 다음과 같은 조건을 만족하는 O/D 통행량 q_{rs}가 존재하는 문제와 동일하다.

$$q_{rs} = \mu_r \xi_s \exp(-\gamma c_{rs}) \quad \forall r, s \tag{5.24a}$$

$$\sum_s q_{rs} = O_r \quad \forall r \tag{5.24b}$$

$$\sum_r q_{rs} = D_s \quad \forall s \tag{5.24c}$$

$$q_{rs} > 0 \quad \forall r, s \tag{5.24d}$$

여기에서 μ_r는 기점 r에 대한 제약식 (5.23b)에 대한 쌍대변수이고, ξ_s는 종점 s에 대한 제약식 (5.23c)에 대한 쌍대변수이다.

문제 (5.22)에 대한 알고리즘은 다음과 같다.

단계 0 (초기화). $n = 0$로 정하고, 제약식을 만족하는 링크통행량 및 O/D 통행량 가능해 벡터 $(\mathbf{x}^0, \mathbf{q}^0)$를 계산한다.

단계 1. 링크 비용 $t_a^n = t_a(x_a^n)$로 정하고, 기종점별로 최단경로를 계산하여 최단경로의 길이를 c^{rs^n}로 표시한다.

단계 2 (보조 O/D 통행량 계산). 데이터 c^{rs^n} 및 O_r, D_s를 문제 (5.23)에 적용하고 반복적 밸런싱(iteratiave balancing) 기법을 사용하여 O/D 통행량 v_{rs}^n를 계산한다. 제약식 (5.23b) 및 (5.23c)의 쌍대변수가 μ_r^n, ξ_s^n인 경우, O/D 통행량 v_{rs}^n는 식 (5.24)에서 $c_{rs} = c^{rs^n}$, $\mu_r = \mu_r^n$, $\xi_s = \xi_s^n$로 대체한 식을 만족한다. 반복적 밸런싱 기법에서는 primal 변수인 v_{rs}와 쌍대변수인 μ_r, ξ_s를 동시에 계산한다.

단계 3 (보조링크통행량 계산). 새 O/D 통행량 v_{rs}^n를 단계 1에서 구한 기종점 (r, s)간 최단경로에 전량배정하여 보조링크통행량벡터 $\mathbf{y}^n$를 계산한다.

단계 4 (스텝길이결정). 두 벡터 $(\mathbf{x}^n, \mathbf{q}^n)$와 $(\mathbf{y}^n, \mathbf{v}^n)$의 볼록조합

$$(1-\alpha)(\mathbf{x}^n, \mathbf{q}^n) + \alpha(\mathbf{y}^n, \mathbf{v}^n)$$

에서 목적함수 (5.22a)를 최소화하는 α_n를 결정한다.

단계 5 (종료조건). 알고리즘이 수렴한 경우, 종료하고, 그렇지 않은 경우 $n = n + 1$로 수정하고 단계 1로 간다.

초기단계의 가능해 벡터 $(\mathbf{x}^0, \mathbf{q}^0)$는 다음과 같은 절차를 통해 구한다. 모든 링크에 통행량을 0으로 가정하여, 링크통행비용 $t_a^n = t_a(0)$, $a \in A$로 정하고 기종점별로 최단경로를 계산하여 최단경로의 길이를 c_{rs}^n로 정한다. 이중제약 중력모형 (5.23)을 데이터 c_{rs}^n, O_r, D_s를 사용하여 풀어서 모든 O/D에 대하여 O/D통행량 q_{rs}^n를 구한다. q_{rs}^n를 기종점간 최단경로에 전량배정하여 링크통행량 x_a^n를 계산한다. 단계 0의 링크통행량 및 O/D통행량 가능해벡터는 $\mathbf{x}^n = (\ldots, x_a, \ldots)$ 및 $\mathbf{q}^n = (\ldots, q_{rs}^n, \ldots)$로 정한다.

단계 1과 단계 2에서 구한 보조링크통행량 y_a^n와 보조 O/D통행량 v_{rs}^n는 다음 최적화문제의 해이다.

$$\min z(\mathbf{y}, \mathbf{v}) = \sum_a t_a^n y_a + \frac{1}{\gamma} \sum_{rs} (v_{rs} \ln v_{rs} - v_{rs}) \tag{5.25a}$$

$$\text{subject to} \quad \sum_k g_k^{rs} = v_{rs} \quad \forall r, s \tag{5.25b}$$

$$\sum_s v_{rs} = O_r \quad \forall r \tag{5.25c}$$

$$\sum_r v_{rs} = D_s \quad \forall s \tag{5.25d}$$

$$g_k^{rs} \geq 0 \quad \forall k, r, s \tag{5.25e}$$

$$v_{rs} \geq 0 \quad \forall r, s \tag{5.25f}$$

문제 (5.25)의 목적함수 (5.25a)는 식 (5.22a)에서 첫 번째 항을 선형화하고 두 번째 항은 그대로 둔 형태이다. 이렇게 Evans 알고리즘에서는 목적함수의 일부를 선형화하므로 Evans 알고리즘은 부분선형화(partial linearization) 알고리즘에 속한다.

종점에서의 총도착통행량 제약식이 없는 문제 (5.13)에 대한 Evans 알고리즘은 위에서 기술한 이중제약 중력모형/배정 통합모형 알고리즘에서 보조링크통행량과 보조 O/D 통행량을 결정하는 절차를 수정하여 다음과 같이 주어진다.

단계 1. 모든 기종점간의 최단경로를 링크비용 $\{t_a^n\}$를 사용하여 계산하고 u_{rs}^n는 (r, s)간의 최단통행비용이다.

단계 2. 로짓모형을 적용하여 기종점별 보조통행수요량

$$v_{rs}^n = \frac{O_r e^{-\gamma(u_{rs}^n - M_s)}}{\sum_m e^{-\gamma(u_{rm}^n - M_m)}}$$

을 정한다.

단계 3. 보조통행수요 v_{rs}^n를 기종점 (r,s)간의 최단경로에 보낸다. 모든 통행량이 보내진 후 보조링크통행량 $\{y_a^n\}$를 계산한다.

단계 2와 3에서 계산한 보조링크통행량 및 O/D 통행량은 다음 최적화문제를 풀어서 구한 해와 동일하다.

$$\min z(\mathbf{x},\mathbf{v}) = \sum_a t_a^n y_a + \frac{1}{\gamma}\sum_{rs} v_{rs}[\ln v_{rs} - 1] - \sum_{rs} v_{rs} M_s \tag{5.26a}$$

$$\text{subject to} \quad \sum_k g_k^{rs} = v_{rs} \quad \forall r,s \quad (u_{rs}) \tag{5.26b}$$

$$\sum_s v_{rs} = O_r \quad \forall r \quad (\mu_r) \tag{5.26c}$$

$$g_k^{rs} \geq 0 \quad \forall k,r,s \tag{5.26d}$$

문제 (5.26)의 1차 최적조건은 식 (5.26b - 5.26d)와 다음 식으로 구성된다.

$$(c_k^{rs^n} - u_{rs}^n) g_k^{rs^n} = 0 \quad \forall k,r,s \tag{5.27a}$$

$$c_k^{rs^n} - u_{rs}^n \geq 0 \quad \forall k,r,s \tag{5.27b}$$

$$\frac{v_{rs}^n}{O_r} = \frac{e^{-\gamma(u_{rs}^n - M_s)}}{\sum_m e^{-\gamma(u_{rm}^n - M_m)}} \tag{5.27c}$$

따라서 문제 (5.26)를 풀면 보조통행량 v_{rs}^n는 로짓모형을 따르게 된다. 보조통행량 v_{rs}^n가 정해진 후, 목적함수 (5.26a)를 최소화하는 경로통행량은 v_{rs}^n를 최단경로로 보내면 구할 수 있다.

엔트로피 극대화 통행분포/배정모형

5.3절에서는 기점의 출발통행량을 만족하는 통행분포모형을 소개하였다. 이 절에서는 Sheffi(1985)에 소개된 제약식 (5.1)을 만족하며 사용자평형을 달성하는 통행분포/통행배정 통합모형을 소개한다. 통행보존제약식 (5.1)을 만족하는 구체적인 O/D 통행량 q_{rs}는 개별 통행자들의 집단적인 의사결정의 결과물이다. 특정한 O/D 통행량 벡터 $(\ldots, q_{rs}, \ldots)$를 관찰하게 되는 다양한 개별적인 의사결정의 조합이 존재한다. 각 조합을 시스템의 상태로 부르고 기본적인 가정은 이 모든 상태가 실현될 가능성이 모두 동일(equally likely) 하다고 가정하는 것이다. 특정한 분포 $\mathbf{q}$가 실현될 가짓수 혹은 확률은

$$N(\mathbf{q}) = \frac{Q!}{\prod_{rs} q_{rs}!} \tag{5.28}$$

여기에서 Q는 시스템내의 모든 통행의 총합, 즉 $Q = \sum_{rs} q_{rs}$이다. 따라서 발생할 구체적인 분포 $\mathbf{q}$는 제약식 (5.1)을 만족하며 위의 확률이 가장 큰 $\mathbf{q}$를 계산하는 것이다. 이 경우 최대화하는 목적함수는 식 (5.28)에 로그를 취하면 다음 식과 같다.

$$\max \ \ln N(\mathbf{q}) = \ln \frac{Q!}{\prod_{rs} q_{rs}} = \ln Q! - \sum_{rs} \ln q_{rs}! \tag{5.29}$$

$\ln Q!$은 상수이므로 목적함수에서 빼고 문제를 최소화문제로 변환하면 다음식과 같다.

$$\min \ \left[\sum_{rs} \ln q_{rs}! \right] \tag{5.30}$$

위의 식에 Stirling's 공식 $\ln q_{rs}! \simeq q_{rs} \ln q_{rs} - q_{rs}$를 사용하면 목적함수는 다음과 같다.

$$\min \ \sum_{rs} (q_{rs} \ln q_{rs} - q_{rs}) \tag{5.31}$$

엔트로피를 극대화하는 통행분포와 사용자평형통행배정을 결합한 최적화 문제를 나타내는 통행분포모형은 다음과 같다.

$$\min z(\mathbf{x}, \mathbf{q}) = \sum_a \int_0^{x_a} t_a(\omega) d\omega + \frac{1}{\zeta} \sum_{rs} (q_{rs} \ln q_{rs} - q_{rs}) - \sum_{rs} M_s q_{rs} \quad (5.32a)$$

$$\text{subject to} \quad \sum_k f_k^{rs} = q_{rs} \quad \forall r, s \quad (u_{rs}) \quad (5.32b)$$

$$\sum_s q_{rs} = O_r \quad \forall r \quad (\mu_r) \quad (5.32c)$$

$$\sum_r q_{rs} = D_s \quad \forall s \quad (\lambda_s) \quad (5.32d)$$

$$f_k^{rs} \geq 0 \quad \forall k, r, s \quad (5.32e)$$

위에서 ζ는 데이터에서 구할 상수이고 괄호안의 변수들은 1차 최적조건에 사용할 쌍대변수들이다. 라그랑지안 함수를 변수 q_{rs}에 대하여 미분한 1차 조건은 아래와 같다.

$$\frac{1}{\zeta} \ln q_{rs} + u_{rs} - \mu_r - \lambda_s = 0 \quad \forall r, s \quad (5.33)$$

양변을 O/D 통행량 q_{rs}로 풀면 다음과 같은 지수함수 형태가 된다.

$$q_{rs} = e^{-\zeta(u_{rs} - \mu_r - \lambda_s)} \quad \forall r, s \quad (5.34)$$

이 식을 통행보존제약식 (5.1)에 대입하면 다음 식이 성립한다.

$$e^{\zeta \mu_r} = \frac{O_r}{\sum_s e^{-\zeta(u_{rs} - \lambda_s)}} \quad \forall r \quad (5.35a)$$

$$e^{\zeta \lambda_s} = \frac{D_s}{\sum_r e^{-\zeta(u_{rs} - \mu_r)}} \quad \forall s \quad (5.35b)$$

아래와 같이 변수 A_r 및 B_s를 정의하여 식 (5.35)에 대입한다.

$$A_r = \frac{e^{\zeta\mu_r}}{O_r} \quad \forall r \tag{5.36a}$$

$$B_s = \frac{e^{\zeta\lambda_s}}{D_s} \quad \forall s \tag{5.36b}$$

따라서 O/D 통행량 q_{rs}는

$$q_{rs} = A_r B_s O_r D_s e^{-\zeta u_{rs}} \quad \forall r, s \tag{5.37}$$

로 주어지고, 여기에서

$$A_r = \frac{1}{\sum_s B_s D_s e^{-\zeta u_{rs}}} \quad \forall r \tag{5.38a}$$

$$B_s = \frac{1}{\sum_r A_r O_r e^{-\zeta u_{rs}}} \quad \forall s \tag{5.38b}$$

따라서 엔트로피 통행분포를 따르는 최적화문제 (5.32)의 최적해는 위에서 언급한 식 (5.6 - 5.7)과 일치하게 된다.

다음에서는 볼록조합 알고리즘으로 문제 (5.32)를 푸는 알고리즘을 소개한다. 목적함수를 감소하는 방향벡터를 구하기 위하여 보조변수 g_k^{rs} 및 v_{rs}를 사용하여 나타낸 방향벡터를 찾는 부문제는 다음과 같다.

$$\min\ z^n(\mathbf{g}, \mathbf{v}) = \sum_{rs}\sum_k \frac{\partial z(\mathbf{f}^n)}{\partial f_k^{rs}} g_k^{rs} = \sum_{rs}\sum_k [c_k^{rs^n} + \frac{1}{\zeta}\ln q_{rs}^n] g_k^{rs} \tag{5.39a}$$

$$\text{subject to} \quad \sum_s v_{rs} = O_r \quad \forall r \tag{5.39b}$$

$$\sum_r v_{rs} = D_s \quad \forall s \tag{5.39c}$$

$$\sum_k g_k^{rs} = v_{rs} \quad \forall r, s \tag{5.39d}$$

$$g_k^{rs} \geq 0 \quad \forall k, r, s \tag{5.39e}$$

식 (5.39d)를 이용하여 변수 g_k^{rs}를 목적함수 (5.39a)에서 제거하면 변수 v_{rs}만 사용하여 다음과 같이 부문제를 나타낼 수 있다.

$$\min z^n(\mathbf{v}) = \sum_{rs} [u_{rs}^n + \frac{1}{\zeta} \ln q_{rs}^n] v_{rs} \tag{5.40a}$$

$$\text{subject to} \quad \sum_s v_{rs} = O_r \quad \forall r \tag{5.40b}$$

$$\sum_r v_{rs} = D_s \quad \forall s \tag{5.40c}$$

$$v_{rs} \geq 0 \quad \forall r, s \tag{5.40d}$$

문제 (5.40)는 통행분포제약식을 포함하는 선형계획법 문제로서 수송문제(transportation problem)이다. 목적함수 (5.40a)에서 v_{rs}의 비용계수는 $u_{rs}^n + \frac{1}{\zeta} \ln q_{rs}^n$로서 이전 단계에서 구한 기종점간 최단경로를 계산하여 u_{rs}^n를 계산하여 구한다.

지금까지 기술한 엔트로피 통행분포 모형의 알고리즘을 정리하면 다음과 같다.

단계 1 (초기화). $n = 1$, 초기가능해 $\{q_{rs}^n\}$, $\{x_a^n\}$를 정한다.

단계 2 (링크통행비용 갱신). $t_a^n = t_a(x_a^n)$

단계 3 (방향벡터 계산). (a) $\{u_{rs}^n\}$를 계산하고 $c^{rs^n} = u_{rs}^n + 1/\zeta \ln q_{rs}^n$로 정한다.

(b) 비용계수를 c^{rs^n}로 할 때, 수송문제 (5.40)를 풀어서 $\{v_{rs}^n\}$를 정한다.

(c) $\{v_{rs}^n\}$를 최단경로에 배정(assign)한다.

단계 4 (스텝길이 결정). 다음 스텝길이결정문제를 푸는 α_n를 결정한다.

$$\alpha_n = \text{argmin } z(\alpha) = \sum_a \int_0^{x_a^n+\alpha(y_a^n-x_a^n)} t_a(\omega)d\omega$$
$$+ \frac{1}{\zeta}\sum_{rs}[q_{rs}^n + \alpha(v_{rs}^n - q_{rs}^n)]\{\ln[q_{rs}^n + \alpha(v_{rs}^n - q_{rs}^n)] - 1\} \quad (5.41a)$$
$$\text{subject to} \quad 0 \leq \alpha \leq 1 \quad (5.41b)$$

단계 5 (통행량 갱신).

$$x_a^{n+1} = x_a^n + \alpha_n(y_a^n - x_a^n) \quad \forall a$$

$$q_{rs}^{n+1} = q_{rs}^n + \alpha_n(v_{rs}^n - q_{rs}^n) \quad \forall r, s$$

단계 6 (종료 검사). $\sum_a |x_a^{n+1} - x_a^n|/x_a^n \leq \epsilon$ 이면 종료하고, 그렇지 않은 경우 단계 2로 돌아간다.

제 6 장

벡터링크비용 통행배정문제

이 장에서는 링크의 통행시간이 그 링크를 통과하는 통행량뿐만 아니라 다른 링크의 통행량에 의해 영향을 받는 통행배정모형을 소개한다. 지금까지의 통행배정모형의 경우 링크통행시간 $t_a = t_a(x_a)$로 정의되었다. 다른 링크의 통행량에 의해 링크통행시간이 영향을 받는 경우 링크 a의 통행시간 t_a는 링크 통행량 벡터 $\mathbf{x} = (\ldots, x_a, \ldots)$의 함수로 나타낼 수 있다.

$$t_a = t_a(x_1, x_2, \ldots, x_A) \quad \forall a$$

여기에서 A는 네트워크의 모든 링크의 수를 나타낸다. 링크통행시간이 이와 같이 $R^A \to R$ 함수인 경우 벡터함수 $\mathbf{t} = (\ldots, t_a(\mathbf{x}), \ldots)$는 $R^A \to R^A$인 벡터 함수가 된다. 따라서 고정수요 통행배정의 목적함수는

$$\oint_0^{\mathbf{x}} \mathbf{t}(\mathbf{x})\, d\mathbf{x} \tag{6.1}$$

이 된다. 여기에서 적분은 선적분(line integral)을 나타낸다. (6.1)의 적분을 이해하기 위해 벡터함수의 적분에 대한 다음과 같은 이론을 소개한다.

정리 9. $U \subset R^n$가 open connected 집합이고 $f : U \to R$는 일차미분이 연속함수인 함수이다. C가 U의 smooth path로서 점 $\mathbf{a}$와 $\mathbf{b}$를 연결하는 경우,

$$\oint_C \nabla f \, d\mathbf{x} = f(\mathbf{b}) - f(\mathbf{a})$$

정리 10. $U \subset R^n$가 open connected 집합이고 $F : U \to R^n$는 연속인 벡터함수이다. 벡터함수 F에 대하여 일차미분 $\nabla f = F$가 되는 함수 $f : U \to R$가 존재하는 경우 점 $\mathbf{a}$와 $\mathbf{b}$를 연결하는 smooth path C에 대한 적분은 다음과 같다.

$$\oint_C F \, d\mathbf{x} = f(\mathbf{b}) - f(\mathbf{a})$$

벡터함수 F의 적분이 경로 C의 양끝점 $\mathbf{a}$와 $\mathbf{b}$에 의해 정의되고 구체적인 두 점을 연결하는 경로와는 상관없는 경우 벡터함수 F를 path-independent라고 한다.

아래 정리는 연속미분가능한 벡터함수 F가 path-independent이기 위한 조건을 제시한다.

정리 11. $U \subset R^n$가 open connected 집합이고 $F : U \to R^n$는 연속미분가능한 벡터함수이다. 벡터함수 F의 Jacobian 행렬 $\nabla F(\mathbf{x})$가 모든 $\mathbf{x} \in U$에 대하여 대칭인 경우, 벡터함수 F는 path-independent이다.

따라서 링크통행시간이 다른 링크들의 통행량의 함수인 경우, 벡터함수 $\mathbf{t} : R^A \to R^A$의 $A \times A$ Jacobian 행렬 $\nabla \mathbf{t}(\mathbf{x})$가 대칭인 경우, $\oint_0^{\mathbf{x}} \mathbf{t}(\mathbf{x}) \, d\mathbf{x}$의 gradient는 $\mathbf{t}(\mathbf{x})$가 된다. 이 경우 다음의 최적화문제

$$\min \quad \oint_0^{\mathbf{x}} \mathbf{t}(\mathbf{x}) \, d\mathbf{x} \tag{6.2a}$$

$$\text{subject to} \quad \mathbf{x} \in \Omega = \{\mathbf{x} | \, \mathbf{q} = \mathbf{\Lambda f}, \mathbf{x} = \mathbf{\Delta f}, \mathbf{f} \geq \mathbf{0}\} \tag{6.2b}$$

는 다음과 같은 변동부등식으로 표현된 조건을 만족하는 링크통행량벡터 $\mathbf{x}^*$를 찾는 문제와 동일하다.

$$\mathbf{t}(\mathbf{x}^*)^T(\mathbf{x} - \mathbf{x}^*) \geq 0 \quad \forall \mathbf{x} \in \Omega \tag{6.3}$$

벡터함수 $\mathbf{t}(\mathbf{x})$가 정의 12에서 정의한 strict monotone함수인 경우 변동부등식 (6.3)의 해인 최적링크통행량 $\mathbf{x}^*$는 고유한 값을 갖는다. 벡터함수 $\mathbf{t}(\mathbf{x})$의 Jacobian 행렬이 비대칭인 경우, 문제 (6.2)을 푸는 알고리즘으로는 대각화 (diagonalization) 알고리즘이 있다.

링크의 통행시간이 다른 링크의 통행량과 상호작용이 없다고 가정한 이전의 모형에서 Jacobian 행렬 $\nabla\mathbf{t}(\mathbf{x})$는 단순한 대각행렬이었으므로 Jacobian 행렬의 대칭조건을 만족하였다. 또한 $\nabla f = \mathbf{t}$가 되는 함수 f는 링크별로 $\int_0^{x_a} t_a(\omega)d\omega$로 정의되었다. 이 장에서는 Sheffi(1985)에 소개된 두 링크간의 대칭상호작용이 있는 경우의 통행배정 알고리즘과 비대칭 상호작용이 있는 경우의 대각화 알고리즘을 소개한다.

6.1 링크간 상호작용이 대칭인 벡터링크비용

이 장에서는 Sheffi(1985)에 소개된 링크통행비용이 다른 링크의 통행량과 상호작용이 있는 경우의 통행배정모형을 고려한다. [1] 먼저 네트워크의 링크간 상호작용이 서로 반대방향으로 진행하는 두 링크간에만 작용하는 경우를 살펴본다. 즉 링크의 통행비용은 자체 통행량과 반대방향으로 진행하는 반대편 링크의 통행량의 함수로 표현된다. 반대편 링크 통행량 이외 다른 링크와의 상호작용은 없는 것으로 가정한다. 링크 a에 대하여 링크 a'는 링크 a의 반대방향으로 진행하는 링크를 나타낸다. 링크 a와 반대편 링크 a'의 비용함수는

[1] 6.1, 6.2는 Sheffi(1985)의 8장에서 발췌하여 번역한 자료이다.

두 링크통행량의 함수로서 아래와 같이 나타낸다.

$$t_a = t_a(x_a, x_{a'}) \tag{6.4a}$$

$$t_{a'} = t_{a'}(x_{a'}, x_a) \tag{6.4b}$$

이 절에서 고려하는 두 반대방향 링크통행량의 상대편 링크에 대한 영향은 대칭으로 가정한다. 즉 반대편 링크통행량이 링크의 통행시간에 끼치는 영향은 아래 식과 같이 나타낼 수 있다.

$$\frac{\partial t_a(x_a, x_{a'})}{\partial x_{a'}} = \frac{\partial t_{a'}(x_{a'}, x_a)}{\partial x_a} \quad \forall a \tag{6.5}$$

이 경우, 사용자평형 통행배정은 다음 최적화문제를 풀어서 구할 수 있다.

$$\min z(\mathbf{x}) = \frac{1}{2}\sum_a \left(\int_0^{x_a} t_a(\omega, x_{a'})d\omega + \int_0^{x_a} t_a(\omega, 0)d\omega\right) \tag{6.6a}$$

$$\text{subject to} \quad \sum_k f_k^{rs} = q_{rs} \quad \forall r, s \tag{6.6b}$$

$$f_k^{rs} \geq 0 \quad \forall k, r, s \tag{6.6c}$$

식 (6.6)의 목적함수는 링크별로 두 개의 항을 포함한다. 첫 번째 항은 반대편 링크의 통행량이 상수로 고정된 경우 링크통행비용의 적분에 해당하고, 두 번째 항은 반대편 링크의 통행량을 0으로 가정할 때, 현재 링크 통행량의 적분을 나타낸다.

문제 (6.6)의 일차 최적해 조건을 계산하기 위하여 식 (6.6a)의 첫 번째 항을 링크 b의 통행량에 대하여 미분하면,

$$\frac{\partial}{\partial x_b}\left[\sum_a \int_0^{x_a} t_a(\omega, x_{a'})d\omega\right.$$

$$= \frac{\partial}{\partial x_b}\int_0^{x_b} t_b(\omega, x_{b'})d\omega + \frac{\partial}{\partial x_b}\int_0^{x_{b'}} t_{b'}(\omega, x_b)d\omega$$
$$= \frac{\partial}{\partial x_b}\int_0^{x_b} t_b(\omega, x_{b'})d\omega + \int_0^{x_{b'}} \frac{\partial t_{b'}(\omega, x_b)}{\partial x_b}d\omega \quad (6.7)$$

여기에서 링크 b와 b' 이외의 링크에 대한 미분값은 0이 된다. 위 식(6.7)의 첫 번째 항은 $x_{b'}$가 상수이므로

$$\frac{\partial}{\partial x_b}\int_0^{x_b} t_b(\omega, x_{b'})d\omega = t_b(x_b, x_{b'}) \quad (6.8)$$

두 링크간의 영향이 상호대칭이므로 $\frac{\partial t_{b'}(\omega,x_b)}{\partial x_b}$ 대신에 $\frac{\partial t_b(\omega,x_b)}{\partial x_{b'}}$를 대신 사용하여

$$\int_0^{x_{b'}} \frac{\partial t_{b'}(\omega, x_b)}{\partial x_b}d\omega = \int_0^{x_{b'}} \frac{\partial t_b(x_b, \omega)}{\partial x_{b'}}d\omega \quad (6.9)$$

따라서 (6.9)은

$$\int_0^{x_{b'}} \frac{\partial t_b(x_b, \omega)}{\partial x_{b'}}d\omega = t_b(x_b, x_{b'}) - t_b(x_b, 0) \quad (6.10)$$

식 (6.8)과 (6.10)을 식 (6.7)에 대입하면,

$$\frac{\partial}{\partial x_b}[\sum_a \int_0^{x_a} t_a(\omega, x_{a'})d\omega] = 2t_b(x_b, x_{b'}) - t_b(x_b, 0) \quad (6.11)$$

목적함수 (6.6a)의 두 번째 항을 x_b에 대하여 미분하면,

$$\frac{\partial}{\partial x_b}[\sum_a \int_0^{x_a} t_a(\omega, 0)d\omega] = \frac{\partial}{\partial x_b}\int_0^{t_a} t_a(\omega, 0)d\omega = t_b(x_b, 0) \quad (6.12)$$

(6.7) - (6.12)을 정리하면, (6.6a)의 미분은 다음과 같다.

$$\begin{aligned}\frac{\partial z(\mathbf{x})}{\partial x_b} &= \frac{1}{2}\frac{\partial}{\partial x_b}[\sum_a \int_0^{x_a} t_a(\omega, x_{a'})d\omega + \sum_a \int_0^{x_a} t_a(\omega, 0)d\omega] \\ &= \frac{1}{2}[2t_b(x_b, x_{b'}) - t_b(x_b, 0) + t_b(x_b, 0)] = t_b(x_b, x_{b'}) \end{aligned} \quad (6.13)$$

목적함수를 링크통행량에 대하여 미분하면 링크의 통행시간이 되어 고정수요 통행배정과 동일한 결과가 된다. 식 (6.6b)에 대한 라그랑지안 쌍대 변수 u_{rs}를 적용하여 구한 문제 (6.6)의 일차최적조건은 다음과 같다.

$$(c_k^{rs} - u_{rs})f_k^{rs} = 0 \quad \forall k, r, s \quad (6.14a)$$

$$c_k^{rs} - u_{rs} \geq 0 \quad \forall k, r, s \quad (6.14b)$$

모든 반대방향 링크 a와 a'에 대하여, x_a의 $t_{a'}$에 대한 한계영향이 $x_{a'}$의 t_a에 대한 한계영향과 동일하다고 가정하는 경우, 최적조건을 만족하는 통행패턴은 사용자평형조건을 만족함을 알 수 있다.

식 (6.6)에 주어진 최적화문제는 다음 두 가지 조건을 만족하는 경우 고유한 해를 갖는다. 첫째 링크의 통행시간은 링크통행량의 순증가함수로 가정한다.

$$\frac{\partial t_a(x_a, x_{a'})}{\partial x_a)} > 0 \quad \forall a \quad (6.15a)$$

두 번째는 어느 한 방향에 대한 추가적인 통행이 그 링크의 통행시간에 끼치는 영향은 반대편 링크의 통행시간에 끼치는 영향보다 크다고 가정한다.

$$\frac{\partial t_a(x_a, x_{a'})}{\partial x_a} > \frac{\partial t_{a'}(x_{a'}, x_a)}{\partial x_a} \quad \forall a \quad (6.15b)$$

이러한 두 가지 가정을 사용하면 목적함수는 링크통행량의 순볼록(strictly convex)함수가 된다. 제약식이 선형식이므로 최적해가 고유함을 증명할 수 있다. (6.6a)의 일차도함수가

$$\frac{\partial z(\mathbf{x})}{\partial x_a} = t_a(x_a, x_{a'}) \tag{6.16}$$

이므로, 이차도함수는 다음과 같다.

$$\frac{\partial^2 z(\mathbf{x})}{\partial x_a \partial x_b} = \frac{\partial t_a(x_a, x_{a'})}{\partial x_b} = \begin{cases} \frac{\partial t_a(x_a, x_{a'})}{\partial x_a} & \text{if } b = a \\ \frac{\partial t_a(x_a, x_{a'})}{\partial x_{a'}} & \text{if } b = a' \\ 0 & \text{otherwise} \end{cases} \tag{6.17}$$

링크들을 반대편에 있는 링크들끼리 두 개씩 짝을 지어 순서대로 정렬하면, 목적함수 $z(\mathbf{x})$의 Hessian 행렬 $\nabla^2 z(\mathbf{x})$는 다음과 같다.

$$\nabla^2 z(\mathbf{x}) = \begin{pmatrix} \nabla^2_{1,1'} & \mathbf{0} & \cdots & . & \cdots \\ \mathbf{0} & \nabla^2_{2,2'} & & . & \\ \vdots & & & & \\ . & . & & \nabla^2_{a,a'} & \\ \vdots & & & & \end{pmatrix} \tag{6.18a}$$

여기에서

$$\nabla^2_{a,a'} = \begin{pmatrix} \frac{\partial t_a}{\partial x_a} & \frac{\partial t_{a'}}{\partial x_a} \\ \frac{\partial t_a}{\partial x_{a'}} & \frac{\partial t_{a'}}{\partial x_{a'}} \end{pmatrix} \quad \forall a \tag{6.18b}$$

Hessian행렬의 구조는 블록대각구조로 되어있고, 각 블록은 2×2 행렬 (6.18b)로 구성되어 있다. 각 블록행렬은 양정치(positive definite) 행렬이고

행렬식(determinant)은 양의 값을 갖는다. 즉, 대각의 항들이 양의 값을 갖고

$$\frac{\partial t_a}{\partial x_a} > 0, \ \frac{\partial t_{a'}}{\partial x_{a'}} > 0 \tag{6.19a}$$

행렬식은 다음과 같다.

$$\begin{vmatrix} \frac{\partial t_a}{\partial x_a} & \frac{\partial t_{a'}}{\partial x_a} \\ \frac{\partial t_a}{\partial x_{a'}} & \frac{\partial t_{a'}}{\partial x_{a'}} \end{vmatrix} = \frac{\partial t_a}{\partial x_a}\frac{\partial t_{a'}}{\partial x_{a'}} - \frac{\partial t_a}{\partial x_{a'}}\frac{\partial t_{a'}}{\partial x_a} > 0 \tag{6.19b}$$

위 부등식이 성립하는 이유는 링크통행시간에 대한 두 번째 가정 때문에 가능하다. 즉 Hessian 행렬은 각 블록이 양정치인 블록대각 행렬이고, 이러한 행렬은 양정치이다. 따라서 목적함수는 링크통행량에 대하여 순볼록(strictly convex)함수이다.

아래에서는 문제 (6.6)를 푸는 알고리즘을 소개한다. 목적함수를 감소하는 탐색방향을 찾기 위한 부문제를 푸는 선형계획법문제의 목적함수는 다음과 같이 주어진다.

$$\min\ z^n(\mathbf{y}) = \sum_a \frac{\partial z(\mathbf{x}^n)}{\partial x_a} y_a = \sum_a t_a^n y_a \tag{6.20}$$

여기에서 $t_a^n = t_a(x_a^n, x_{a'}^n)$이다. 이 함수는 제약식을 만족하는 보조변수 y_a에 대하여 최소화된다. 이러한 최소화문제의 최적해는 단순한 전량배정에 의하여 계산한다. 즉 통행수요 q_{rs}를 최단경로에 전량배정하여 보조변수의 최적값을 정한다. 다른 Frank-Wolfe알고리즘과 마찬가지로 감소방향은 $(x_a^n - y_a^n)$로 주어진다. 다음 단계는 최적 스텝길이 α_n를 정하는 단계이다. 최적 스텝길이 α_n를 구하는 최적화문제는 다음 식과 같다.

$$\min{}_{0\le\alpha\le 1} z(\alpha) = \sum_a \int_0^{x_a^n+\alpha(y_a^n-x_a^n)} t_a[\omega, x_{a'}^n + \alpha(y_{a'}^n - x_{a'}^n)]d\omega$$

$$+\sum_a \int_0^{x_a^n+\alpha(y_a^n-x_a^n)} t_a(\omega,0)d\omega \tag{6.21}$$

예제

다음과 같이 3개의 링크로 구성된 네트워크를 고려한다. 링크들의 비용함수는 다음과 같다.

$$t_1(x_1,x_2) = 2+3x_1+2x_2 \tag{6.22a}$$

$$t_2(x_2,x_1) = 4+2x_2+2x_1 \tag{6.22b}$$

$$t_3(x_3) = 3+x_3 \tag{6.22c}$$

기점에서 종점까지 통행량은 5로 가정한다. 즉 $x_1+x_2=5$이다.

이 문제의 평형통행량을 계산하기 위하여 링크 3은 고려할 필요가 없다. 즉, $x_3^*=5$이고 통행비용 $t_3(x_3^*)=8$이다. 남은 문제는 링크 1과 2사이의 통행비율을 계산하는 일이다. 두 링크가 평형상태에서 둘 다 사용된다고 가정할 때, 평형통행량은 다음 식을 풀어서 구할 수 있다.

$$t_1(x_1,x_2) = t_2(x_2,x_1) \tag{6.23}$$

$x_2 = 5-x_1$를 식 (6.22a)와 (6.22b)에 대입하며 x_1에 대하여 풀면, $x_1^*=2$, $x_2^*=3$이 된다. 평형상태에서 통행시간은

$$t_1(2,3) = t_2(3,2) = 14$$

이 문제에 대한 링크의 반대편 링크에 대한 미분은

$$\frac{t_1(x_1,x_2)}{\partial x_2} = \frac{\partial t_2(x_2,x_1)}{\partial x_1} = 2 \tag{6.24}$$

즉, 링크간 상호대칭조건이 성립함을 알 수 있다. 이 예제에 대한 식 (6.6)에 소개된 최적화문제는 다음과 같다.

$$\begin{aligned}\min z(x_1, x_2, x_3) = &\frac{1}{2}\int_0^{x_1}(2+3\omega+2x_2)d\omega + \frac{1}{2}\int_0^{x_2}(4+2\omega+2x_1)d\omega \\ &+\frac{1}{2}\int_0^{x_1}(2+3\omega)d\omega + \frac{1}{2}\int_0^{x_3}(4+2\omega)d\omega \\ &+\int_0^{x_3}(3+\omega)d\omega \end{aligned} \tag{6.25a}$$

$$\text{subject to } x_1 + x_2 = 5 \tag{6.25b}$$

$$x_1 + x_2 - x_3 \tag{6.25c}$$

$$x_1, x_2 \geq 0$$

이 문제의 경우, 목적함수의 Hessian행렬은 다음과 같은 양정치 행렬이다.

$$\nabla^2 z(\mathbf{x}) = \begin{pmatrix} 3 & 2 & 0 \\ 2 & 2 & 0 \\ 0 & 0 & 1 \end{pmatrix} \tag{6.26}$$

따라서 문제 (6.25)는 고유한 해를 갖는다.

$$z(x_1, x_2) = \frac{1}{2}(2x_1 + \frac{3}{2}x_1^2 + 2x_2x_1 + 4x_2 + x_2^2 + 2x_1x_2 + 2x_1 + \frac{3}{2}x_1^2 + 4x_2 + x_2^2)$$

(6.25c)에 의해 목적함수의 마지막 항은 상수이므로 목적함수에서 제외하면, 적분을 한 후 목적함수는 다음 식이 된다.

$$z(x_1) = 2x_1 + \frac{3}{2}x_1^2 + 2x_1(5-x_1) + 4(5-x_1) + (5-x_1)^2$$

$x_2 = 5 - x_1$을 대입하여 x_1에 대하여 정리하면

$$\frac{dz(x_1)}{dx_1}2 + 3x_1 + 2(5 - x_1) - 2x_1 - 4 - 2(5 - x_1) = 0$$

최소해는 이 식을 x_1에 대하여 미분한 후 도함수를 0으로 하는 값을 찾아서 구할 수 있다. 즉, $x_1^* = 2$, $x_2^* = 3$이 됨을 알 수 있다. 즉 최적화문제의 해는 평형조건을 만족한다.

일반적으로 링크간의 상호작용은 반대편 링크와의 상호작용에만 국한되지 않는다. 따라서 링크의 통행시간을 다수의 링크통행량의 함수로 나타낼 수 있다. 즉 $t_a = t_a(\ldots, x_a, \ldots)$ 혹은 $t_a = t_a(\mathbf{x})$. 링크간 상호작용이 대칭인 경우 사용자평형 통행배정문제는 동등한 최소화 문제를 풀어서 계산할 수 있다. 링크상호작용의 대칭성은 다음과 같은 수식으로 나타낼 수 있다.

$$\frac{\partial t_a(\mathbf{x})}{\partial x_b} = \frac{\partial t_b(\mathbf{x})}{\partial x_a} \quad \forall a \neq b \tag{6.27}$$

(6.27)는 링크통행시간 벡터함수의 Jacobian 행렬이 대칭임을 의미한다. 즉 벡터함수 $\mathbf{t}(\mathbf{x}) = (\ldots, t_a(\mathbf{x}), \ldots)$의 Jacobian은 다음과 같은 링크×링크 행렬로 주어진다.

$$\nabla_{\mathbf{x}}\mathbf{t} = \begin{pmatrix} \frac{\partial t_1(\mathbf{x})}{\partial x_1} & \frac{\partial t_2(\mathbf{x})}{\partial x_1} & \cdots & \frac{\partial t_a(\mathbf{x})}{\partial x_1} & \cdots \\ \frac{\partial t_1(\mathbf{x})}{\partial x_2} & \frac{\partial t_2(\mathbf{x})}{\partial x_2} & \cdots & \frac{\partial t_a(\mathbf{x})}{\partial x_2} & \cdots \\ \vdots & \vdots & \ddots & & \\ \frac{\partial t_1(\mathbf{x})}{\partial x_a} & \frac{\partial t_2(\mathbf{x})}{\partial x_a} & \cdots & \frac{\partial t_a(\mathbf{x})}{\partial x_a} & \\ \vdots & \vdots & & & \ddots \end{pmatrix} \tag{6.28}$$

조건 (6.27)는 위의 Jacobian 행렬이 대칭일 조건이다.

링크상호작용, 혹은 링크통행시간 벡터함수의 Jacobian 행렬이 대칭인 경우, 동등한 최적화문제를 풀어서 사용자평형 통행량을 계산할 수 있다. 최적

화문제의 목적함수는 다음과 같은 라인적분 형태로 주어진다.

$$z(\mathbf{x}) = \int_0^{\mathbf{x}} \mathbf{t}(\omega) d\omega \tag{6.29}$$

이 목적함수의 Hessian 행렬은 위의 Jacobian 행렬이고, Jacobian 행렬이 양정치 행렬인 경우, 고유한 해를 갖는다. 두 링크간의 상호작용이 있는 경우, 고유한 최적해를 갖는 조건을 확장하여 일반적인 경우 고유한 최적해를 갖는 조건을 도출할 수 있다.

일반적인 네트워크에서 고유한 최적해를 갖기 위해서는 각 링크의 통행비용이 링크통행량의 순증가함수로 가정한다. 즉,

$$\frac{\partial t_a(\mathbf{x})}{\partial x_a} > 0 \quad \forall a \tag{6.30a}$$

두 번째는 링크통행시간은 그 링크의 통행량에 의해 가장 많이 영향을 받는다고 가정한다. 즉 t_a의 x_a에 대한 미분값은 t_a의 다른 링크에 대한 미분값보다 훨씬 큰 값을 갖는다. 이 조건을 수식으로 나타내면,

$$\frac{\partial t_a(\mathbf{x})}{\partial x_a} \gg \frac{\partial t_a(\mathbf{x})}{\partial x_b} \quad \forall b \neq a \tag{6.30b}$$

(6.30)은 링크통행비용 벡터함수의 Jacobian 행렬이 양정치 행렬이 되기 위한 조건이다. 다음과 같이 두 링크의 통행비용이 주어진 경우,

$$t_1(x_1, x_2) = 2 + 2x_1 + 2x_2 \tag{6.31a}$$

$$t_2(x_1, x_2) = 4 + 2x_1 + x_2 \tag{6.31b}$$

조건 (6.30a)는 만족하지만, (6.30b)는 만족하지 않는다. 즉,

$$\frac{\partial t_1(x_1, x_2)}{\partial x_1} = \frac{\partial t_1(x_1, x_2)}{\partial x_2} \tag{6.32}$$

(6.32)에 의하면, Jacobian 행렬이 양정치 행렬이 아닐 수 있다. 위 문제의 Jacobian 행렬은

$$\nabla_{\mathbf{x}}\mathbf{t} = \begin{pmatrix} 2 & 2 & 0 \\ 2 & 1 & 0 \\ 0 & 0 & 1 \end{pmatrix} \tag{6.33}$$

로 주어지는 데, 두 번째 부행렬의 행렬식

$$\begin{vmatrix} 2 & 2 \\ 2 & 1 \end{vmatrix} = -2$$

이므로 Jacobian 행렬은 indefinite 행렬이다.

6.2 비대칭 링크상호작용이 있는 경우의 통행배정

이 절에서는 링크통행시간이 다수의 링크통행량의 함수로 주어지고 링크통행량이 통행비용에 대한 영향이 비대칭인 네트워크에서의 통행배정모형에 대하여 소개한다. 링크통행량의 영향이 비대칭인 점은 링크통행비용함수 $t_a = t_a(\ldots, x_a, \ldots)$ 이고 $\mathbf{t} = (\ldots, t_a, \ldots)$이다. 즉, $\mathbf{t}$는 링크의 개수가 n인 경우 $\mathbf{t}: R^n \to R^n$로 정의되는 벡터함수이다. 이 절에서는 벡터함수 $\mathbf{t}$의 Jacobian 행렬

$$\nabla\mathbf{t} = \begin{pmatrix} \frac{\partial t_1}{\partial x_1} & \cdots & \frac{\partial t_1}{\partial x_n} \\ \vdots & & \vdots \\ \frac{\partial t_n}{\partial x_1} & \cdots & \frac{\partial t_n}{\partial x_n} \end{pmatrix}$$

은 비대칭 양정치 행렬로 가정한다. Jacobian 행렬이 양정치행렬인 경우, 사용자평형 최적링크통행량은 고유한 값을 갖는다.

아래에서 기술하는 알고리즘은 일반적으로 Jacobi 알고리즘 혹은 대각화(diagonalization)알고리즘으로 부른다. 대각화 알고리즘에서는 알고리즘의 각 단계별로 링크의 통행시간을 나타내는 벡터함수 $\mathbf{t}(\mathbf{x})$에서 링크 a를 제외한 모든 다른 링크의 통행량을 고정하고 $\mathbf{t}(x_a)$를 $t_a(x_1^n, x_2^n, \ldots, x_a, \ldots, x_A^n)$로 가정하고 문제를 푸는 알고리즘이다. 단계 n에서 푸는 최적화문제는 다음과 같다.

$$\min \tilde{z}^n(\mathbf{x}) = \sum_a \int_0^{x_a} t_a(x_1^n, \ldots, x_{a-1}^n, \omega, x_{a+1}^n, \ldots, x_A^n) d\omega \tag{6.34a}$$

$$\text{subject to} \quad \sum_k f_k^{rs} = q_{rs} \quad \forall r, s \tag{6.34b}$$

$$f_k^{rs} \geq 0 \quad \forall k, r, s \tag{6.34c}$$

위 문제는 원래 문제와 구별하여 부문제(subproblem)로 부른다. 목적함수의 적분에는 한 개의 링크통행량만 변수이고 나머지 링크들의 통행량은 모두 상수이다. 따라서 함수 t_a는 링크통행량 x_a만의 함수이다. 링크 a에 영향을 미치는 모든 다른 링크들의 통행량은 x_b^n로 고정되어 있다. 따라서 (6.34a의 Hessian 행렬은 대각 행렬이다. $\tilde{t}_a^n(x_a)$를 링크 a를 제외한 모든 다른 링크들의 값이 상수인 링크통행시간함수를 나타낸다. 즉,

$$\tilde{t}_a^n(x_a) = t_a(x_1^n, \ldots, x_{a-1}^n, x_a, x_{a+1}^n, \ldots, x_A^n)$$

이 경우 사용자평형 통행량을 결정하는 알고리즘의 일반적인 단계는 다음과 같다.

단계 0 (초기화). 제약조건을 만족하는 링크통행량 벡터 $\mathbf{x}^n$를 결정하고 $n =$

0로 정한다.

단계 1 (대각화). 부문제 (6.34)를 고정수요통행배정 알고리즘을 사용하여 푼다. 링크통행량 벡터 $\mathbf{x}^{n+1}$를 정한다.

단계 2 (수렴 테스트). $\mathbf{x}^n \simeq \mathbf{x}^{n+1}$인 경우 종료, 그렇지 않으면 $n = n + 1$로 하고 단계 1로 간다.

단계 2의 수렴테스트에서는 연속적인 두 단계의 링크통행량간의 최대 차이를 계산하거나 $\mathbf{x}^n$와 $\mathbf{x}^{n+1}$의 차이에 대한 다른 기준으로 수렴여부를 결정할 수 있다. 예를 들어 다음 조건을 만족하는 경우 알고리즘을 종료할 수 있다.

$$\frac{1}{A} \sum_a \frac{|x_a^{n+1} - x_a^n|}{xa^{n+1}} \leq \kappa \tag{6.35}$$

여기에서 A는 네트워크의 링크의 개수이고, κ는 사전에 정한 상수이다.

제 7 장

O/D행렬 추정모형

O/D행렬은 통행배정 및 장기적인 교통네트워크 계획 및 단기적인 신호제어 문제의 입력으로도 사용되는 등 가장 중요한 입력자료이다. 일반적으로 O/D 행렬은 설문조사, 인터뷰, 자동차 등록번호 매칭과 같은 방법을 통하여 예측된다. 이러한 설문기반의 예측법은 시간과 노동이 많이 소요되고 신도시 개발과 같이 토지사용의 패턴이 급격히 변화하는 경우 이전에 예측한 O/D행렬은 쓸모가 없게 된다. ITS의 보급과 같이 교통량에 대한 실시간 관측이 용이해짐에 따라 수집된 관측교통량으로부터 O/D행렬을 예측하는 기법에 대한 연구가 많이 진행되었다.

관측교통량으로부터 O/D행렬을 예측하는 이전연구를 네트워크 형태와 경로선택방식에 따라서

1. O/D간의 통행경로가 사전에 정해진 단순한 네트워크

2. 교통혼잡을 고려하지 않는 경로선택이 있는 네트워크

3. 교통혼잡에 따라서 경로선택이 결정되는 일반적인 네트워크

로 분류할 수 있다. 이러한 모형은 또한 정적인(static) 모형과 동적인(dynamic) 모형으로 분류할 수 있다.

단순네트워크/경로선택이 없는 경우는 교차로에서 링크에서 링크로 진입하는 비율에 대한 예측이나, 고속도로의 입출력 램프에서의 기종점별 분할율(split ratio)의 예측모형이 해당한다. 교통혼잡을 고려하지 않는 경로선택이 있는 모형에서는 경로선택확률이 고정되어 있다고 가정하고 관측한 링크통행속도 및 정해진 경로선택확률을 가정한 뒤 일반적인 최소자승법과 같이 사전 O/D행렬이나 관측교통량과 추정한 O/D행렬 및 통행량간의 거리를 최소화하는 통계적인 접근법이다. 동적인 모형의 경우 경로선택 및 출발시간에 대한 비율을 사전에 가정하며 이러한 경로선택 및 출발시간에 대한 가정을 동적 네트워크 배정(network loading) 비율로 부른다.

교통혼잡에 따라 경로선택이 결정되는 일반적인 네트워크 모형에서는 경로선택과 O/D행렬과는 상호종속적인 관계이므로 이중구조모형처럼 모형의 내부에서 경로선택이 이루어지는 접근법이 제안되었다. 경로선택에 대하여 추가적으로 모형을 분류하면 결정적인 네트워크 배정(deterministic network loading) 방식과 확률적 네트워크 배정(stochastic network loading) 방식으로 나누어진다.

도로네트워크를 노드들의 집합 V, 링크들의 집합 A로 구성된 방향이 있는 그래프 $G = (V, A)$로 나타내고 노드들 중 센트로이드로 표현된 존들은 O/D행렬의 기종점을 구성한다. 이 장에서는 지금까지 사용했던 기호들을 수정하여 O/D $i = (r, s)$간의 통행량을 g_i, $i \in I$로 표시하고, O/D i를 연결하는 경로들의 집합을 P_i, h_k, $k \in P_i$는 경로 k의 통행량, v_a는 링크 a의 통행량을 나타낸다. 여기에서 I는 모든 O/D의 집합을 나타낸다. 링크 a가 경로 k에 속하는 경우 $\delta_{ak} = 1$로 나타내고, 그렇지 않은 경우 $\delta_{ak} = 0$으로 표시한다. 경로통행량과

O/D 수요간의 관계는 다음 식으로 나타낸다.

$$\sum_k h_k = g_i \quad \forall i \tag{7.1a}$$

또한, 링크통행량은 그 링크를 통과하는 경로통행량의 합이므로 다음 식이 성립한다.

$$v_a = \sum_i \sum_k \delta_{ak} h_k \quad \forall a \tag{7.1b}$$

링크통행비용 $t_a(v_a)$는 링크통행량 v_a의 단조증가함수이고 BPR 함수형태를 가정한다. 사용자평형 고정수요 통행배정문제는 다음과 같은 볼록최적화 문제로 나타낼 수 있다.

$$\min z(\mathbf{v}) = \sum_a \int_0^{v_a} t_a(\omega) d\omega \tag{7.2a}$$

$$\text{subject to} \quad \sum_k h_k = g_i \quad \forall w \tag{7.2b}$$

$$h_k \geq 0 \quad \forall k \in P_i, \ \forall i \tag{7.2c}$$

O/D 행렬 중 특정 기종점 $i = (r, s)$에 g_i만큼의 통행량이 있을 때 g_i 중 경로 k를 사용하는 비율을 $p_k = h_k / g_i$로 나타낼 수 있다. 링크통행량을 p_k와 g_i를 사용하여 다음과 같이 나타낼 수 있다.

$$v_a = \sum_i \sum_k \delta_{ak} h_k = \sum_i \sum_k \delta_{ak} p_k g_i \tag{7.3}$$

$p_{ai} = \sum_{k \in P_i} \delta_{ak} p_k$로 정의하면, p_{ai}는 g_i중 링크 a를 통과하는 비율을 나타내고 링크비율(link proportion), 배정함수(assignment map), 혹은 배정비율(loading factor)로 부른다. 링크비율 p_{ai}를 사용하여 링크통행량 v_a 와 O/D 수요 g_i 간의 관계를 다음 식으로 나타낼 수 있다.

$$v_a = \sum_i p_{ai} g_i \quad \forall a \in A \tag{7.4}$$

링크비율 p_{ai}는 네트워크의 혼잡도에 따라 달라지고, 기종점 O/D g_i, $i \in I$의 함수이다. 동적인 O/D행렬추정 모형의 경우 링크비율은 기종점의 통행량뿐만 아니라 시간대별로 링크에 미치는 영향을 모형화하기 위해 사용된다. 동적모형의 경우 p_{ai}에 대한 추정법으로 회귀분석법이 사용된다. 링크비율은 대부분의 O/D행렬 추정모형에서 가장 중요한 입력데이터이다.

7.1 엔트로피 극대화모형

이 절에서는 엔트로피의 개념을 소개하고 엔트로피를 극대화하는 O/D행렬 예측모형을 소개한다. 기점 r에서 n명의 통행자가 목적지 $s = 1, \ldots, S$로 통행하고, 목적지 s에는 n_s대의 통행수요가 발생한다가 가정한다. 이 경우 $n = n_1 + \cdots + n_S$이고 S개의 목적지에 이와 같이 분산되는 모든 경우의 수를 다음과 같이 나타낼 수 있다.

$$\binom{n}{n_1, n_2, \cdots, n_S} = \frac{n!}{n_1! n_2! \cdots n_S!} \tag{7.5}$$

이 식을 모든 O/D에 대하여 고려하면 특정한 O/D행렬이 구현되는 모든 경우의 수는

$$\binom{\sum_i g_i}{g_1, g_2, \cdots, g_{|I|}} = \frac{(\sum_i g_i)!}{\prod_{i \in I} g_i!} \tag{7.6}$$

로 나타낸다. 이러한 경우의 수를 O/D 행렬 $\mathbf{g}$가 구현될 엔트로피 $E(\mathbf{g})$로 정의한다.

$$E(\mathbf{g}) = (\sum_i g_i)!/\prod_{i \in I} g_i! \tag{7.7}$$

엔트로피를 극대화하는 O/D행렬은 (7.7)을 극대화하는 O/D를 계산하는 문제이다. 임의로 통행자를 선택했을 때, 그 통행자가 O/D 행렬 중 기종점 $i = (r, s)$를 통행하고 있을 확률을 p_i로 가정할 때, 기종점 i에 g_i만큼의 통행수요가 발생할 확률은 $p_i^{g_i}$로 나타낼 수 있다. 따라서 이러한 확률의 결합밀도함수의 우도함수(likelihood function)는

$$\prod_{i \in I} p_i^{g_i} \tag{7.8}$$

로 정의한다. 엔트로피와 결합한 우도함수는 따라서 다음과 같이 주어진다.

$$L(\mathbf{g}) = \prod_{i \in I} p_i^{g_i} (\sum_i g_i)!/\prod_{i \in I} g_i! = (\prod_{i \in I} \exp(g_i \ln(p_i)))(\sum_i g_i)!/\prod_{i \in I} g_i! \tag{7.9}$$

(7.9)는 다항우도함수이다. $L(\mathbf{g})$에 로그를 취하여

$$\ln(L(\mathbf{g})) = \sum_i g_i \ln(p_i) + \ln((\sum_i g_i)!) - \sum_i \ln(gi!) \tag{7.10}$$

Stirling의 공식을 사용하여

$$\ln(L(\mathbf{g})) = \sum_i g_i \ln(p_i) + (\sum_i g_i) \ln(\sum_i g_i) - \sum_i g_i \ln(g_i) \tag{7.11}$$

로 주어진다. 기종점 i를 선택할 확률 p_i가 사전에 주어진 O/D 행렬 $\hat{\mathbf{g}}$ =

$(\ldots, \hat{g}_i, \ldots)$을 이용하여

$$p_i = \hat{g}_i / \sum_i \hat{g}_i$$

그리고

$$\sum_i g_i = \sum_i \hat{g}_i$$

인 경우, 우도함수의 로그는

$$\ln(L(\mathbf{g})) = -\sum_i g_i \ln(g_i/\hat{g}_i)$$

가 되어 우도함수를 극대화하는 O/D 행렬은 다음 최소화문제의 해이다.

$$\min f(\mathbf{g}) = \sum_i g_i \ln(g_i/\hat{g}_i) \tag{7.12a}$$

$$\text{subject to} \quad \sum_i p_{ai} g_i = v_a \quad \forall a \tag{7.12b}$$

$$g_i \geq 0 \quad \forall i \tag{7.12c}$$

이 문제에서 데이터는 사전 O/D행렬 $\hat{g}_i$와 관측링크통행량 v_a이다. 목적함수가 볼록함수이고 제약식이 등식이므로 Lagragian 쌍대변수를 이용하여 위 문제의 최적해를 구할 수 있다. 이 문제는 일반적으로 O/D행렬예측을 위한 최우도(maximum likelihood)추정모형으로 부른다. 자세한 알고리즘은 Spiess(1987)를 참조한다.

7.2 일반최소자승법

일반최소자승법에서는 O/D행렬의 사전추정치 및 관측교통량에 추정에러가 포함된다고 가정한다. 즉, 사전에 주어진 O/D 행렬 $\bar{\mathbf{g}}$의 추정치 $\mathbf{g}$는 확률적인

에러가 포함되어 있고, O/D 행렬 $\mathbf{g}$가 네트워크에 배정되었을 때의 링크통행량 $v_a(\mathbf{g})$에도 관측에러가 포함된다고 가정한다. 따라서 $\hat{\mathbf{g}}$와 $\hat{\mathbf{v}}$는 다음 식을 만족한다.

$$\hat{\mathbf{g}} = \mathbf{g} + \eta \tag{7.13a}$$

$$\hat{\mathbf{v}} = \mathbf{Pg} + \epsilon \tag{7.13b}$$

여기에서 $\mathbf{P} = (\ldots, p_{ai}, \ldots)$는 링크비율의 행렬이고, η는 $\hat{\mathbf{g}}$와 $\mathbf{g}$간의 에러, ϵ은 관측교통량 $\hat{\mathbf{v}}$와 $\mathbf{Pg}$간의 확률적 에러이다. 또한 η와 ϵ의 기대치 $E(\eta) = 0, E(\epsilon) = 0$이고, $\text{var}[\eta] = \mathbf{Z}, \text{var}[\epsilon] = \mathbf{W}$로 가정한다. 공분산행렬 $\mathbf{W}$와 $\mathbf{Z}$는 양정치 행렬로 가정한다. 식 (7.13b)는 모든 링크에 대하여 식 (7.4)를 벡터형태로 요약한 식이다.

식 (7.13b)를 링크별로 다시 쓰면, 관측링크통행량 $\hat{v}_a$와 추정하려는 O/D 행렬 $\mathbf{g}$는 다음 식을 만족한다.

$$\hat{v}_a = \sum_i p_{ai} g_i \quad \forall a \in A \tag{7.14}$$

p_{ai}는 링크비율로서 $p_{ai} = \sum_k \delta_{ak} p_k$이고 O/D 통행량 g_i중 링크 a에 배정된 비율을 나타낸다. p_{ai}는 혼잡이 변화함에 따라 그 값이 변화한다. 행렬 $\mathbf{P} = (\ldots, p_{ai}, \ldots)$는 배정함수(assignment map)로 불린다.

이 경우 O/D 통행량 $\mathbf{g}$에 대한 일반최소자승법(generalized least squares) 추정치는 다음 최적화문제의 해로 주어진다.

$$\mathbf{g}^{GLS} = \text{argmin}[(\hat{\mathbf{g}} - \mathbf{g})^T \mathbf{Z}^{-1} (\hat{\mathbf{g}} - \mathbf{g}) + (\hat{\mathbf{v}} - \mathbf{Pg})^T \mathbf{W}^{-1} (\hat{\mathbf{v}} - \mathbf{Pg})] \tag{7.15}$$

행렬 $\mathbf{W}$와 $\mathbf{Z}$가 양정치(positive definite)이므로, 위 최적화문제는 볼록최적화

문제이다. $\mathbf{g}^{GLS}$는 (7.15)의 목적함수의 일차미분이 0이 되는 $\mathbf{g}$에 해당한다. 목적함수의 일차미분은

$$\mathbf{Z}^{-1}(\hat{\mathbf{g}} - \mathbf{g}) - \mathbf{P}^T\mathbf{W}^{-1}(\hat{\mathbf{v}} - \mathbf{P}\mathbf{g}) \tag{7.16}$$

이고,

$$\mathbf{g}^{GLS} = (\mathbf{Z}^{-1} + \mathbf{P}^T\mathbf{W}^{-1}\mathbf{P})^{-1}(\mathbf{W}^{-1}\hat{\mathbf{g}} + \mathbf{P}^T\mathbf{W}^{-1}\hat{\mathbf{v}}) \tag{7.17}$$

일반최소자승법(generalized least squares, GLS) 추정치를 계산할 때에는 η와 ϵ에 대한 확률분포를 가정하지 않는다.

7.3 이중구조 O/D행렬 추정법

일반적으로 O/D수요 g_i가 변화하면, 사용자평형 통행량 v_a^* 및 링크비율 p_{ai}도 변화하므로, $p_{ai} = p_{ai}(\mathbf{g})$, 즉 링크비율 p_{ai}은 O/D행렬 $\mathbf{g} = (\ldots, g_i, \ldots)$의 함수이다. 사용자평형 통행배정문제에서 최적링크통행량은 고유한 값을 갖는 반면, 최적 경로통행량은 고유한 값을 갖지 않는다. 따라서 링크비율 p_{ai}는 고유한 값을 갖지 않는다. 또한 Frank-Wolfe 알고리즘의 경우 경로정보를 저장하지 않으므로, 입력자료인 p_{ai}를 계산하기는 쉽지 않다.

전체 링크 중 일부인 $\hat{A} \subset A$에 대하여 관측통행량 $\hat{v}_a, a \in \hat{A}$이 주어진 경우, O/D행렬 보정문제를 다음과 같은 이중구조 프로그래밍(bilevel programming) 문제로 나타낼 수 있다.[50]

$$\min F(\mathbf{g}) = \frac{1}{2} \sum_{a \in \hat{A}} (v_a(\mathbf{g}) - \hat{v}_a)^2 \tag{7.18a}$$

$$\text{subject to} \quad g_i \geq 0 \quad \forall i \tag{7.18b}$$

문제 (7.18)에서 링크통행량 $v_a(\mathbf{g})$ 는 O/D행렬이 $\mathbf{g} = (\ldots, g_i, \ldots)$로 주어

진 경우의 문제 (7.2)의 사용자평형 최적링크통행량을 나타내고 문제 (7.18)는 이중구조 프로그래밍 문제의 상위문제에 해당한다. 이러한 문제에서 $v_a(\mathbf{g})$와 O/D 행렬 $\mathbf{g}$와의 함수적 관계는 내부적으로 표현되었고, 위 문제(7.18)은 nonconvex 최적화 문제이다.

문제 (7.18)의 근사치를 계산하기 위해서, O/D 행렬 $\mathbf{g}$ 와 링크통행량 v_a 간의 관계를 링크비율 p_{ai}을 사용하여 나타낸다. 식 (7.4)에서 링크비율 p_{ai}를 상수로 가정하면, 링크통행량 v_a의 O/D 수요 g_i에 대한 편미분이

$$\partial v_a / \partial g_i = p_{ai} \tag{7.19}$$

가 됨을 알 수 있다. 따라서 문제 (7.18)의 목적함수의 일차미분은 다음과 같이 계산할 수 있다.

$$\begin{aligned}\frac{\partial F(\mathbf{g})}{\partial g_i} &= \sum_{a \in \hat{A}} \sum_{k \in P_i} \delta_{ak} p_k (v_a - \hat{v}_a) \\ &= \sum_{k \in P_i} p_k \sum_{a \in \hat{A}} \delta_{ak} (v_a - \hat{v}_a) \\ &= \sum_{a \in \hat{A}} p_{ai} (v_a - \hat{v}_a) \quad \forall i \in I \end{aligned} \tag{7.20}$$

일차미분벡터를 목적함수를 감소시키는 방향벡터로 사용하는 경우 O/D 통행량 g_i를 다음과 같이 단계별로 갱신한다.

$$g_i^{l+1} = \begin{cases} \hat{g}_i & \text{for } l = 0, \\ g_i^l - \lambda^l [\frac{\partial F(\mathbf{g})}{\partial g_i}]_{g_i^l} & \text{for } l = 1, 2, \ldots, \end{cases} \tag{7.21}$$

여기에서 $\hat{g}_i$는 사전에 주어진 과거의 O/D 행렬을 나타낸다.

하지만, 식 (7.21)를 사용할 경우, O/D통행량 g_i가 음의 값을 가질 수 있

으므로, O/D 통행량을 직접 갱신하는 것이 아니고, 그 비율을 다음과 같이 갱신할 수 있다.

$$g_i^{l+1} = \begin{cases} \hat{g}_i & \text{for } l = 0, \\ g_i^l(1 - \lambda^l[\frac{\partial F(\mathbf{g})}{\partial g_i}]_{g_i^l}) & \text{for } l = 1, 2, \ldots, \end{cases} \tag{7.22}$$

식 (7.22)에서 정의한 일차미분벡터를 비례미분벡터(relative gradient)로 부른다.

일차미분방법을 사용하기 위해서는 스텝길이 λ^l을 계산하여야 한다. 최적 스텝길이 λ^*는 다음 일차원 최적화문제를 풀어서 구한다.

$$\min\ F((g_i(1 - \lambda\frac{\partial F(\mathbf{g})}{\partial g_i}))) \tag{7.23a}$$

$$\text{subject to} \quad \lambda\frac{\partial F(\mathbf{g})}{\partial g_i} \leq 1 \quad \text{for all } i \in I \text{ with } g_i > 0 \tag{7.23b}$$

목적함수가 링크통행량 v_a의 함수로 나타내었으므로, 링크 통행량 v_a의 스텝길이 λ에 대한 미분값은 chain rule을 적용하여 다음과 같이 계산한다.

$$\begin{aligned} v_a' = \frac{dv_a}{d\lambda} &= \sum_i \frac{dg_i}{d\lambda}\frac{\partial v_a}{\partial g_i} \\ &= -\sum_i g_i(\sum_{kinP_i} p_k \sum_{\hat{a}\in\hat{A}} \delta_{ak}(v_{\hat{a}} - \hat{v}_{\hat{a}}))(\sum_{k\in P_i} \delta_{ak}p_k) \end{aligned} \tag{7.24}$$

따라서 식 (7.23a)의 스텝길이 λ에 대한 미분값은 다시 chain rule을 적용하여

$$\begin{aligned} \frac{dF(\lambda)}{d\lambda} &= \sum_{a\in\hat{A}} v_a'\frac{\partial F}{\partial v_a} \\ &= \sum_{a\in\hat{A}} \frac{dv_a}{d\lambda}(v_a - \hat{v}_a + \lambda v_a') \end{aligned} \tag{7.25}$$

따라서 최적 스텝길이 λ^*는 다음 식으로 구한다.

$$\lambda^* = \frac{\sum_{a\in\hat{A}} v'_a(\hat{v}_a - v_a)}{\sum_{a\in\hat{A}} v'^2_a} \tag{7.26}$$

이 절에서 고려한 O/D행렬 보정을 위한 이중구조알고리즘에 대한 상세한 내용은 Spiess(1990)와 Florian과 Chen(1995)에 나와 있다. 링크비율 p_{ai}를 상용 소프트웨어 EMME/2에서 계산하기 위한 절차는 Spiess(1990)에 소개되었고 EMME/2 macro는 Spiess의 웹페이지에서 찾을 수 있다.

제 8 장

이산선택모형과 통행배정

이산선택이론

이산선택모형 이론에서는 개인이 대안을 선택할 때, 각 대안에 대한 개인의 선호도는 대안이 갖고 있는 효용이나 매력의 함수로 나타낼 수 있다고 가정한다. 또한 이러한 효용은 대안의 속성 및 개인의 특성의 함수로 가정한다. 의사결정자는 대안 중 효용이 가장 큰 대안을 선택한다고 가정한다. 하지만 효용을 직접 측정하거나 관찰할 수는 없다. 또한 대안의 여러 속성들은 관찰하기 어려워서 대안과 관련된 불확실성으로 취급될 수밖에 없다. 따라서 효용 자체가 확률변수로 모형화되고, 선택이론은 대안이 선택될 확률을 제공할 뿐, 직접 대안을 선택하지는 않는다.

이 장에서는 이산선택이론, 혹은 확률적 효용모형(random utility models)에 대하여 소개하고, 선택함수, 만족함수, 이산선택이론을 상이한 특성을 갖는 모집단에 적용하는 문제, 다항로짓 및 다항프로빗 모형을 소개한다.

8.1 선택함수

집합 $\mathcal{K}$는 선택할 대안들 $1, \ldots, K$의 집합을 나타내고, $\mathbf{U} = (U_1, \ldots, U_K)$는 대안의 집합 $\mathcal{K}$와 관련된 효용들의 벡터를 나타낸다. 특정한 의사결정자에게 각 대안의 효용은 대안의 관측된 속성(attribute)들과 이 의사결정자의 특성들의 함수로 표현된다. $\mathbf{a}$를 이러한 속성들을 나타내는 벡터라고 하자. 예를 들어, 의사결정자가 기종점간의 통행수단을 선택하는 경우, 승용차, 버스, 지하철은 대안에 해당하고, 속성으로는 의사결정자의 연간수입이나 연령이 해당한다. 따라서 대안 k의 효용은 $U_k = U_k(\mathbf{a})$로 나타낼 수 있다. 일반적으로 이러한 모형에는 다수의 파라미터 θ가 포함되어 $U_k = U_k(\theta, \mathbf{a})$로 정의할 수 있다. 이 절에서는 이러한 파라미터 θ가 고정되어 있다고 가정하고 U_k를 $\mathbf{a}$의 함수로 표시한다.

관측되지 않은 속성들과 특성들의 영향을 포함시키기 위해 각 대안의 효용을 시스템(확정적 요소)요소 $V_k(\mathbf{a})$와 확률적 에러요소인 $\xi_k(\mathbf{a})$의 합으로 나타낸다.

$$U_k(\mathbf{a}) = V_k(\mathbf{a}) + \xi_k(\mathbf{a}) \quad \forall k \in \mathcal{K} \tag{8.1}$$

효용의 확률적 요소의 평균값 $E[\xi_k(\mathbf{a})] = 0$으로 일반적으로 가정한다. 따라서 $E[U_k(\mathbf{a})] = V_k(\mathbf{a})$가 된다. 이러한 맥락에서 $U_k(\mathbf{a})$를 인지된 효용(perceived utility)으로 부르고, $V_k(\mathbf{a})$는 측정된 효용(measured utility)이라 부른다.

효용의 확률분포를 알 경우, 모집단에서 임의로 샘플링한 의사결정자가 특정한 대안을 선택할 확률을 계산할 수 있다. 효용의 확률분포는 속성벡터 $\mathbf{a}$의 함수이다. 따라서 대안 k, $k \in \mathcal{K}$가 선택될 확률 P_k는 $\mathbf{a}$의 함수이다. P_k를 $\mathbf{a}$와 연관 짓는 함수를 선택함수(choice function)라 부르고 $P_k(\mathbf{a})$로 나타낸다. $\mathbf{a}$가 주어질 때 대안 k가 선택될 확률은 모집단에서 $\mathbf{a}$의 값을 갖는 개인들 중 대안 k를 선택하는 비율로 정의한다. 선택확률은 이 경우 대안 k의 효용 $U_k(\mathbf{a})$가 다른 대안들의 효용보다 큰 확률을 의미한다.

$$P_k(\mathbf{a}) = \Pr[U_k(\mathbf{a}) \geq U_l(\mathbf{a}),\ l \in \mathcal{K}] \quad \forall k \in \mathcal{K} \tag{8.2}$$

선택함수 $P_k(\mathbf{a})$는 확률질량함수(probability mass function)이므로 다음 조건을 만족한다.

$$0 \leq P_k(\mathbf{a}) \leq 1 \quad \forall k \in \mathcal{K} \tag{8.3a}$$

$$\sum_{k=1}^{K} P_k(\mathbf{a}) = 1 \tag{8.3b}$$

에러요소 $\xi(\mathbf{a})$의 확률분포가 정해지면, 효용의 확률분포가 정해지고, 선택확률을 계산할 수 있다. 예를 들어 단지 두 개의 대안이 존재하는 상황을 살펴보자. 첫 번째 대안의 효용을 $U_1 = 3 + \xi$이고 두 번째 대안의 효용은 $U_2 = 2$로 가정한다. 이 경우 모든 파라미터나 특성이 알려져 있고 고정되었다 가정한다. 첫 번째 대안이 선택될 확률

$$\begin{aligned} P_1 = \Pr(U_1 \geq U_2) &= \Pr(3 + \xi \geq 2) \\ &= \Pr(\xi \geq -1) \end{aligned} \tag{8.4}$$

ξ의 확률분포가 -2 와 2 사이의 균등분포라면

$$\Pr(\omega \leq \xi \leq \omega + d\omega) = \begin{cases} \frac{1}{4} & \text{for } -2 \leq \omega \leq 2 \\ 0 & \text{otherwise} \end{cases} \tag{8.5}$$

따라서 $P_1 = \Pr(\xi \geq -1) = 0.75$, $P_2 = 0.25$가 된다. 위의 효용함수의 경우, 모집단의 75%는 대안 1을 선택한다. 만약에 다른 모집단에 대하여 U_1이 그대로

있고, $U_2 = 3$로 주어지면,

$$
\begin{aligned}
P_1 = \Pr(U_1 \geq U_2) &= \Pr(3 + \xi \geq 3) \\
&= \Pr(\xi \geq 0) = 0.5
\end{aligned}
\tag{8.6}
$$

즉, 첫 번째 대안의 선택확률 P_1은 0.5가 된다. 즉 새 모집단의 절반이 대안 1을 선택한다. 선택확률은 벡터 $\mathbf{a}$에 의해 정해진 특성들에 의존하며 동시에 확률적에러 요소에 의존한다.

다항로짓

에러요소에 대한 확률적모형으로 널리 사용되는 모형은 로짓(logit)모형이다. 수단선택모형에서 사용하는 로짓함수는 특정한 통행수단을 선택하는 개인들의 비율을 의미하였다. 이 모형은 각 효용함수의 에러요소가 iid(independent and identically distributed) Gumbel 분포를 따른다고 가정한다. 확률변수 $\xi(\mathbf{a})$가 iid Gumbel 분포를 하는 경우, 누적확률은 다음과 같이 주어진다.

$$
\Pr\{\xi(\mathbf{a}) \leq x\} = \exp[-\exp(-\mu(x - \eta))], \quad \infty < x < \infty, \mu > 0
$$

Gumbel 분포를 하는 확률변수의 최빈값(mode)은 η이고, 평균은 $\eta + \gamma/\mu$로 주어지고, γ 는 Euler의 상수로 $\gamma \approx 0.577$이다. 또한 분산은 $\pi^2/6\mu^2$로 주어진다. Gumbel 분포를 하는 확률분포의 파라미터는 (η, μ)로 표시한다.

다음은 Gumbel 확률분포의 성질이다.

1. ξ가 파라미터 (η, μ)를 갖는 Gumbel 확률분포를 갖고, 상수 V와 $\alpha > 0$이 주어진 경우, $\alpha\xi + V$는 파라미터 $(\alpha\eta + V, \mu/\alpha)$를 갖는 Gumbel 확률분포를 따른다.

2. ξ_1, ξ_2가 파라미터가 $(\eta_1, \mu_1), (\eta_2, \mu_2)$이고 독립인 Gumbel 확률분포를 하는 경우, $\xi = \xi_1 - \xi_2$는 로짓분포를 한다. 즉,

$$\Pr[\xi \le x] = \frac{1}{1 + e^{\mu(\eta_2 - \eta_1 - x)}} \tag{8.7}$$

3. ξ_1, ξ_2의 파라미터가 $(\eta_1, \mu), (\eta_2, \mu)$이고 독립인 Gumbel 분포를 하는 경우, $\max(\xi_1, \xi_2)$는 Gumbel 분포를 하면 파라미터는

$$(\frac{1}{\mu}\ln(e^{\mu\eta_1} + e^{\mu\eta_2}), \mu) \tag{8.8}$$

4. $\xi_1, \xi_2, \ldots, \xi_K$의 파라미터가 $(\eta_1, \mu), (\eta_2, \mu), \ldots, (\eta_K, \mu)$이고 독립인 Gumbel 분포를 하는 경우, $\max(\xi_1, \xi_2, \ldots, \xi_K)$ 는 Gumbel 분포를 하며, 파라미터는

$$(\frac{1}{\mu}\ln\sum_{j=1}^{K} e^{\mu\eta_j}, \mu) \tag{8.9}$$

대안의 집합 $\mathcal{K}$에 K개의 대안이 있고, 대안의 효용 $U_j = V_j + \xi_j$, $j = 1, \ldots, K$, 효용의 확률적 에러요소 ξ_j는 파라미터가 $(0, 1)$인 iid Gumbel 분포를 따른다고 가정한다. Gumbel 분포의 성질에 따라 U_j는 파라미터가 $(V_j, 1)$인 Gumbel 분포를 한다.

이 중 대안 1이 선택되는 확률은

$$P_1 = \Pr[U_1 \ge U_j,\ j \ne 1] = \Pr[U_1 \ge \max_{j \ne 1} U_j] \tag{8.10}$$

$U_k = V_k + \xi_k$이므로 위 식은

$$P_1 = \Pr[V_1 + \xi_1 \ge \max_{j \ne 1} V_j + \xi_j] \tag{8.11}$$

확률변수 $U_K^* = \max_{j\neq 1}(V_j + \xi_j)$로 정의하면, Gumbel 분포의 성질에 따라 U_K^*는 Gumbel 분포를 하며, 파라미터는 $(\ln \sum_{j=2}^K V_j, 1)$인 Gumbel 분포를 한다. 따라서 U_K^*는 Gumbel 분포를 하며 파라미터는 $\eta = \ln \sum_{j=2}^K \exp(V_j)$, $\mu = 1$로 주어진다. Gumbel 확률분포의 성질에 따라, U_K^*는 $U_K^* = V_K^* + \xi_K^*$로 나타낼 수 있고, 여기에서

$$V_K^* = \ln \sum_{j=2}^K \exp(V_j)$$

이고 ξ_K^*는 Gumbel 분포를 하며 파라미터는 $(0, 1)$로 주어진다. 따라서 대안 1을 선택할 확률은

$$\begin{aligned}
P_1 &= \Pr(V_1 + \xi_1 \geq V_K^* + \xi_K^*) \\
&= \Pr[\xi_K^* - \xi_1 \leq V_1 - V_K^*] \\
&= \frac{1}{1 + e^{V_K^* - V_1}} \\
&= \frac{e^{V_1}}{e^{V_1} + e^{V_K^*}} \\
&= \frac{e^{V_1}}{e^{V_1} + e^{(\ln(\sum_{j=2}^K e^{V_j}))}} \\
&= \frac{e^{V_1}}{\sum_{j=1}^K e^{V_j}}
\end{aligned}$$

마찬가지로 대안 k를 선택할 확률도 다음 식으로 나타낼 수 있다.

$$P_k = \frac{e^{V_k}}{\sum_{l=1}^K e^{V_l}} \quad \forall k \in \mathcal{K} \tag{8.12}$$

e^{V_k}로 나누면 다음 식이 성립한다.

$$P_k = \frac{1}{1 + \sum_{l \neq k} e^{V_l - V_k}} \tag{8.13}$$

이항로짓의 경우, 즉 대안이 두 개만 있는 경우, 위의 모형은

$$P_1 = \frac{e^{V_1}}{e^{V_1} + e^{V_2}} = \frac{1}{1 + e^{V_2 - V_1}} \tag{8.14a}$$

그리고 P_2는

$$P_2 = 1 - P_1 = \frac{1}{1 + e^{V_1 - V_2}} \tag{8.14b}$$

로 정해진다. 예를 들어 버스/승용차 로짓 수단선택모형의 경우, 두 대안의 효용은 다음과 같이 표현된다.

$$U_{bus} = V_{bus} + \xi \tag{8.15a}$$

여기에서 $V_{bus}(\hat{t}) = -2\hat{t}$ 이고

$$U_{auto} = V_{auto} + \xi \tag{8.15b}$$

여기에서 t는 승용차의 통행시간을 나타내고 $\hat{t}$는 버스의 통행시간을 나타낸다. $V_{auto}(t) = 1 - 2t$이다. 이 예제에서 주요한 변수는 $\hat{t}$와 t, 즉 버스와 승용차의 통행시간이다. 승용차를 선택할 확률은

$$P_{auto}(t, \hat{t}) = \frac{1}{1 + e^{V_{bus} - V_{auto}}} = \frac{1}{1 + e^{-1-2(\hat{t}-t)}} \tag{8.16}$$

위 모형에서는 $\hat{t}$와 t가 주어진 경우 모집단에서 승용차를 선택할 비율을 계산할 수 있다. 만약에 이 모집단의 크기를 알고 있다면, 각 수단을 선택할 개인의 수도 정해진다.

식 (8.12)에 의해 두 가지 대안 1, 2가 있는 경우, 두 대안을 선택하는 확률의

비율은

$$\frac{P_1}{P_2} = \frac{e^{V_1}}{e^{V_2}} = e^{V_1 - V_2} \tag{8.17}$$

즉, 두 대안에 대한 선택확률의 비율은 두 대안의 측정된 효용의 차이에만 의존한다. 다항로짓의 이러한 성질을 independence of the irrelavant alternatives (IIA) 로 부른다. IIA에 의해 다항로짓의 경우, 선택확률은 대안의 집합에 따라 결정된다. 예를 들어 대안의 집합이 { 승용차, 버스, 보행 }의 세 가지 수단으로 구성되고 그 선택확률이 $P_1 = 0.5$, $P_2 = 0.5$, $P_3 = 0$으로 주어진다고 가정하자. 이 경우 기존의 버스에 새로운 버스 1대가 4번 째 대안으로 추가되는 경우를 가정하자. 첫 번쌔 버스를 파란색 비스, 두 번째 버스를 빨간색 버스라고 부를 때, 승용차와 버스의 선택확률의 비율 $P_1/P_2 = 1$이므로, $P_1/P_2 = P_1/P_4 = 1$이 성립한다. 따라서 $P_1 = P_2 = P_3 = 1/3$이 된다. 하지만 통행자의 관점에서는 두 버스간에 차이가 없으므로 선택확률이 $P_1 = 0.5$, $P_2 = P_4 = 0.25$가 되는 것이 더 현실적이다.

다항프로빗 모형

다항프로빗 모형에서는 각 효용의 에러요소를 정규분포로 가정한다. 이 점이 프로빗 모형의 기본가정으로서 각 에러요소의 결합밀도함수가 다변량정규 (multivariate normal, MVN)분포를 한다고 가정한다. MVN 분포는 정규분포 확률밀도함수를 다항식으로 확장하여 확률변수벡터 $\xi = (\xi_1, \ldots, \xi_K)$의 결합 확률분포를 정의한다. 이 확률분포는 평균을 나타내는 $K \times 1$ 벡터 μ와 $K \times K$ 공분산행렬(covariance matrix) $\mathbf{\Sigma}$에 의해 결정된다. $\xi \backsim MVN(\mu, \mathbf{\Sigma})$는 벡터 ξ가 평균벡터 μ와 공분산행렬 $\mathbf{\Sigma}$를 갖는 MVN분포임을 의미한다. 공분산행렬에는 에러요소벡터들의 분산 및 에러요소간 공분산항들을 포함한다.

$$(\mathbf{\Sigma})_{kk} = \text{var}(\xi_k)\ \forall k \text{ and } (\mathbf{\Sigma})_{kl} = \text{cov}(\xi_k, \xi_l)\ k \neq l \tag{8.18}$$

MVN 확률분포를 갖는 확률변수벡터의 선형함수는 MVN 확률분포를 갖는다. 예를 들어 정규분포를 갖는 두 확률변수의 합도 정규분포를 갖는다. 공분산행렬 및 대안들의 속성값들이 알려져 있는 경우, 효용벡터 $\mathbf{U}(\mathbf{a}) = [U_1(\mathbf{a}), \ldots, U_K(\mathbf{a})]$는 다변량정규분포로 모형화할 수 있다. 즉,

$$\mathbf{U}(\mathbf{a}) \backsim \mathrm{MVN}[\mathbf{V}(\mathbf{a}), \mathbf{\Sigma}] \tag{8.19}$$

다른 이산선택모형과 마찬가지로, 특정한 대안이 선택될 확률은 그 대안의 효용이 선택 가능한 대안들 중 가장 클 확률과 같다. 정규분포의 누적확률분포를 수식형태로 계산하기 어렵기 때문에 프로빗모형에서는 이 확률을 수식으로 나타낼 수 없다. 하지만 두개의 대안만 있는 경우, 선택확률은 누적정규분포 테이블을 이용하여 다음과 같이 계산할 수 있다.

예를 들어 $\mathbf{U} = (U_1, U_2)$가 두 대안의 효용을 나타내고, 여기에서 $U_1 = V_1 + \xi_1$, $U_2 = V_2 + \xi_2$로 가정한다. 또한 에러요소의 확률분포가 다음과 같이 주어진다고 가정한다.

$$\xi \backsim \mathrm{MVN}(\mathbf{0}, \mathbf{\Sigma})$$

여기에서 $\xi = (\xi_1, \xi_2)$이고 $\mathbf{0}$는 벡터 $(0, 0)$를 나타내며,

$$\mathbf{\Sigma} = \begin{pmatrix} \sigma_1^2 & \sigma_{12} \\ \sigma_{21} & \sigma_2^2 \end{pmatrix}$$

이 경우, 첫 번째 대안의 선택확률은

$$\begin{aligned} P_1 &= \Pr[(U_1 \geq U_2) = \Pr[(V_1 + \xi_1) \geq (V_2 + \xi_2)] \\ &= \Pr[(\xi_2 - \xi_1) \leq (V_1 - V_2)] \end{aligned} \tag{8.20}$$

MVN 확률분포의 선형특성 때문에 $(\xi_2 - \xi_1)$은 평균 0이고, 분산 $\sigma^2 = \sigma_1^2 + \sigma_2^2 - 2\sigma_{12}$인 정규분포를 하는 확률변수이다. 식 (8.20)을 다음 식을 이용하여 표준정규분포의 cdf로 변환하면

$$P_1 = \Phi(\frac{V_1 - V_2}{\sqrt{\sigma^2}})$$

여기에서 $\Phi(\cdot)$는 표준정규분포의 누적함수이다. 따라서 이 경우에 V_1, V_2, σ의 값이 정해지면, P_1의 값을 표준정규분포표를 이용하여 계산할 수 있다.

두 개 이상의 다수의 대안이 있는 경우 프로빗 선택확률의 계산은 복잡하다. 선택확률은 수학적 근사치로 계산하거나 Monte Carlo 모의실험을 통해 계산할 수 있다.

프로빗모형에 대한 근사값(analytical approximation)을 계산하는 기법은 수치적분법(numerical integration)과 순차적근사법(successive approximation) 기법 등이 있다. 수치적분법은 선택확률을 직접 계산하는데, 이는 효용의 누적확률분포가 포함된 다중적분을 계산하는 것이다.

순차적근사법에서는 정규분포를 갖는 두 확률변수의 최대값을 정규분포확률변수로 정의하여 근사치를 계산하는 기법이다. 다수의 정규분포확률변수가 있는 경우 이 기법을 반복적으로 사용한다. 예를 들어 대안 k가 선택될 확률(즉, $U_k \geq U_l, \forall l$인 확률)을 계산하는 경우를 보자. 각 단계에서는 두 대안의 효용을 나타내는 두 개의 확률변수를 선택하고 두 확률변수의 최대값에 해당하는 보조 확률변수를 생성한다. 다음 단계에서는 이전 단계의 보조확률변수와 현재 단계에서의 효용확률변수를 고려한다. 현재 단계에서의 보조확률변수는 이 두 확률변수 중 최대값으로 정의한다. 이렇게 단계를 반복한다. 마지막으로 U_k를 고려한다. 마지막 단계에서 보조변수는 모든 대안들(대안 k를 제외한)의 효용들 중 최대값을 나타내는 확률변수이므로 선택확률은 다음과 같이 주어

진다.

$$P_k = \Pr(U_k \geq \max_{l \neq k}\{U_l\}) \tag{8.21}$$

위 식은 U_k가 k를 제외한 모든 대안들의 효용보다 클 확률을 의미한다. 식 (8.21)은 단지 두 개의 확률변수만 포함하고 있다. 따라서 P_k를 이전처럼 계산할 수 있다. 이렇게 근사치를 계산하는 방법을 Clark 기법이라고 부른다.

Clark 기법을 3개의 MVN 확률변수 $\Omega_1, \Omega_2, \Omega_3$에 적용하는 예를 살펴본다.[19] $\Omega_1, \Omega_2, \Omega_3$의 평균은 (m_1, m_2, m_3), 공분산행렬

$$\mathbf{\Sigma} = \begin{pmatrix} \sigma_1^2 & \sigma_{12}^2 & \sigma_{13}^2 \\ \sigma_{21}^2 & \sigma_2^2 & \sigma_{13}^2 \\ \sigma_{31}^2 & \sigma_{32}^2 & \sigma_3^2 \end{pmatrix} \tag{8.22}$$

으로 주어지는 경우, Clark 기법에서는 먼저 확률변수 $\tilde{\Omega}_2 = \max\{\Omega_1, \Omega_2\}$에 대한 평균과 공분산행렬을 계산한다. $\tilde{\Omega}_2$의 평균 $\tilde{m}_2$과 분산 $\tilde{\sigma}_2^2$는 다음과 같이 계산된다.

$$\tilde{m}_2 = m_2 + (m_1 - m_2)\Phi(\alpha) + a\phi(\alpha) \tag{8.23a}$$

$$\tilde{\tilde{m}}_2 = m_2^2 + \sigma_2^2 + (m_1^2 + \sigma_1^2 - m_2^2 - \sigma_2^2)\Phi(\alpha) + (m_1 + m_2)a\phi(\alpha) \tag{8.23b}$$

$$\tilde{\sigma}_2^2 = \tilde{\tilde{m}}_2 - \tilde{m}_2^2 \tag{8.23c}$$

$$\tilde{\sigma}_{23}^2 = \sigma_{23}^2 + (\sigma_{13}^2 - \sigma_{23}^2)\Phi(\alpha) \tag{8.23d}$$

여기에서 $a = [(\sigma_1^2 + \sigma_2^2 - 2\sigma_{12}^2)]^{1/2}$, $\alpha = (m_1 - m_2)/a$, $\Phi(\cdot)$은 $N(0,1)$의 누적확률분포, $\phi(\cdot)$은 정규분포의 확률밀도함수이다. 이 절차를 다시 $\tilde{\Omega}_2$와 Ω_3에 적용하면 $\max\{\Omega_1, \Omega_2, \Omega_3\}$에 대한 평균과 공분산행렬을 계산할 수 있다.

다수의 대안이 있는 경우 위와 같은 수리적인 근사치를 구하는 방법을 적용하기는 어렵다. 예를 들어 대안이 4개 이상인 경우 수치적분법은 적용하기

어렵다. 순차적근사법은 이 보다는 큰 문제에 적용할 수 있지만, 네트워크 분석처럼 다수의 대안이 있는 현실적인 문제에 적용하기는 어렵다.

대안의 수가 많은 경우 프로빗 모형에 대한 Monte Carlo 모의실험을 이산선택모형의 선택확률을 계산하는데 사용한다. 대안들에 대한 효용의 집합 $U_k = V_k + \xi_k$, $k \in \mathcal{K}$가 주어진 경우를 고려하자. 측정된 효용벡터 $\mathbf{V} = (V_1, \ldots, V_K)$가 관측된 경우, 모의실험절차는 다음 단계를 반복한다. ξ의 확률밀도함수를 갖는 상호독립적인 K개의 확률변수를 임의로 추출한다. n번째 단계에서 추출한 확률변수들의 값을 $\xi_1^n, \ldots, \xi_K^n$이라 부른다. 인지된 효용은 관측된 측정된 효용값들에 에러확률값들을 더하여 계산된다. 즉, $U_k^n = V_k^n + \xi_k^n$이다. 이 중에서 효용의 값이 가장 큰 대안 ($U_k^n \geq U_l^n, \forall l$)을 기록한다. 이러한 단계를 N번 반복한다. 대안 k가 N단계 중 최대효용대안으로 선택된 횟수를 N_k로 정할 때, 대안 k가 선택될 확률 P_k는 다음과 같이 주어진다.

$$P_k \simeq \frac{N_k}{N} \tag{8.24}$$

8.2 만족함수

이산선택모형과 관련된 또 다른 요소는 만족(satisfaction) $\tilde{S}$와 만족함수(satisfaction function) $\tilde{S}(\mathbf{a})$이다. 만족은 스칼라로서 효용이 U_k인 대안들 k의 집합 $\mathcal{K}$로 부터 개인이 얻게 되는 기대효용(expected utility)을 나타낸다. 개인이 최대효용을 갖는 대안을 선택한다고 가정하므로, 만족은 대안들에 대한 최대효용의 기대치이다. 즉

$$\tilde{S} = E[\max_{\forall k}\{U_k\}] \tag{8.25a}$$

여기에서 기대치 $E[\cdot]$는 $\mathbf{U}$의 확률분포에 대하여 계산되었다. 만족은 벡터 $\mathbf{a}$의 함수로 표현되고 이를 $\tilde{S}(\mathbf{a})$로 표시한다. $\tilde{S}(\mathbf{a})$를 만족함수로 부른다. 측정된 효용 $\mathbf{V} = \mathbf{V}(\mathbf{a})$와 에러 ξ의 확률분포가 주어진 경우, 만족은 $\mathbf{V}$의 함수로 다음과 같이 주어진다.

$$\tilde{S}(\mathbf{V}) = E[\max_{\forall k}\{V_k + \xi_k\}] \tag{8.25b}$$

만족함수 $\tilde{S}(\mathbf{V})$는 다음 세 가지 성질을 갖고 있다.

1. $\tilde{S}(\mathbf{V})$는 $\mathbf{V}$에 대하여 볼록함수이다. 또한 이 책에서 다루는 이산선택모형에서는 순볼록(strictly convex)이다.

2. 대안의 시스템요소(즉 측정된 요소)에 대한 만족함수의 편미분은 그 대안의 선택확률과 같다. 즉,

$$\frac{\partial \tilde{S}(\mathbf{V})}{\partial V_k} = P_k(\mathbf{V}) \quad \forall k \in \mathcal{K} \tag{8.26a}$$

3. 만족은 선택집합의 크기에 단조적으로(monotonically) 비례한다. 즉,

$$\tilde{S}(V_1, \ldots, V_K, V_{K+1}) \geq \tilde{S}(V_1, \ldots, V_K) \tag{8.26b}$$

첫 번째 성질은 최대값함수(maximum operator)의 볼록성(convexity)으로부터 기인한다. 두 번째 성질은 정규조건(regularity condition)하에서만 성립한다. 세 번째 성질은 대안간에 상호작용이 없는 경우에만 성립한다. 즉 새로운 대안을 추가해도 다른 대안들의 측정된 효용값을 감소시키지 않는 경우에 성립한다.

로짓모형의 경우에는 만족함수는

$$\tilde{S}(\mathbf{V}) = \ln \sum_l e^{V_l} \tag{8.27a}$$

로 주어지고, (8.27a)를 V_k에 대하여 미분하면,

$$\frac{\partial \tilde{S}(\mathbf{V})}{\partial V_k} = \frac{e^{V_k}}{\sum_l e^{V_l}} \tag{8.27b}$$

따라서 식 (8.12)이 성립한다.

로짓모형의 경우, 효용의 에러 $\xi(\mathbf{a})$가 iid Gumbel 분포를 하므로, 식 (8.27)을 다음과 같이 증명할 수 있다. 최대효용을 갖는 대안이 선택될 때, 최대효용의 값

$$S = \max_{k \in \mathcal{K}} \{U_k\}$$

일 때, 효용 U_k를 완전하게 관찰할 수 없으므로, S 역시 완전하게 관찰할 수 없다. 따라서 만족 S의 확률분포는 아래와 같이 정의된다.

$$\Pr\{S \leq x|\mathbf{a}\} = \Pr\{V_k(\mathbf{a}) + \xi_k(\mathbf{a}) \leq x, \ \forall k\}$$

ξ_k가 iid Gumbel 분포를 따르므로,

$$\begin{aligned}\Pr\{S \leq x|\mathbf{a}\} &= \prod_{k=1}^{K} \Pr\{V_k(\mathbf{a}) + \xi_k(\mathbf{a}) \leq x\} \\ &= \prod_{k=1}^{K} \Pr\{\xi_k(\mathbf{a}) \leq x - V_k(\mathbf{a})\}\end{aligned}$$

Gumbel 확률분포값을 대입하면

$$\begin{aligned}\Pr\{S \le x|\mathbf{a}\} &= \prod_{k=1}^{K} \exp(-\exp\{-[x - V_k(\mathbf{a}) + \gamma]\}) \\ &= \exp(-\sum_{k=1}^{K} \exp\{-[x - V_k(\mathbf{a}) + \gamma]\}) \\ &= \exp(-\exp[-(x + \gamma - \log \sum_{k=1}^{K} \exp[V_k(\mathbf{a})])] \end{aligned} \quad (8.28)$$

따라서 위의 확률변수 S는 Gumbel 확률분포를 한다. 파라미터가 $(-\gamma, 1)$로 주어지는 Gumbel 분포를 갖는 확률변수 X의 누적확률은

$$\Pr\{X \le x\} = \exp(-\exp\{-(x + \gamma)\})$$

이고 기대치 $E[X] = -\gamma + \gamma/1 = 0$이 된다. 따라서 식 (8.28)에서 만족 S는 파라미터가 $(-\gamma + \log \sum_{k=1}^{K} \exp[V_k(\mathbf{a})], 1)$을 따르는 Gumbel 분포를 하므로, 만족 S의 기대치

$$\tilde{S}(\mathbf{V}) = \log \sum_{k=1}^{K} \exp[V_k(\mathbf{a})] \quad (8.29)$$

이다. 위의 식이 log-sum-exp 형태의 함수이므로 만족함수는 시스템 효용 $V_k(\mathbf{a})$의 볼록함수이다. 또한

$$\frac{\partial \tilde{S}(\mathbf{V})}{\partial V_k(\mathbf{a})} = \frac{\exp[V_k(\mathbf{a})]}{\sum_{k=1}^{K} \exp[V_k(\mathbf{a})]} = P_k(\mathbf{a}) \quad (8.30)$$

가 된다. 즉 만족함수의 k번째 시스템적 효용 $V_k(\mathbf{a})$에 대한 편미분은 선택확률 $P_k(\mathbf{a})$와 같다. 따라서 (8.30)를 이용하면, 만족함수의 일차미분은

$$\nabla \tilde{S}(\mathbf{V}) = \mathbf{P}(\mathbf{a}) = (P_1(\mathbf{a}), \ldots, P_K(\mathbf{a})) \quad (8.31)$$

로 주어지고, 만족함수의 Hessian 행렬은 선택함수 $\mathbf{P}(\mathbf{a})$의 Jacobian 행렬과 같다. 즉,

$$\text{Hes}(\tilde{S}(\mathbf{V})) = \text{Jac}(\mathbf{P}(\mathbf{a}))$$

프로빗 모형의 경우 만족함수는 수식으로 주어지질 않는다. Clark의 방법을 이용하여 $\tilde{S}(\mathbf{V})$는 순차적근사법을 한 번 더 적용하여 (즉, 최대값을 나타내는 보조변수를 정의할 때 U_k도 포함한다) 계산할 수 있다. 따라서 보조변수는 모든 대안들의 최대효용을 나타낸다. 만족은 이 경우 이 보조변수의 기대치이다.

만족값은 또한 Monte Carlo 모의실험을 이용하여 계산할 수 있다. 이 경우 선택된 대안 U^n의 효용을 각 단계마다 계신해야 한다. 즉 $U^n = \max_{\forall l}\{U_l^n\}$이다. Monte Carlo 모의실험의 경우, 만족은 다음과 같이 계산된다.

$$\tilde{S} \simeq \frac{1}{N}\sum_{n=1}^{N} U^n \tag{8.32}$$

여기에서 N은 단계의 횟수를 의미한다.

선택확률은 선택확률을 변수 $\mathbf{a}$의 함수로 정의한다. 벡터 $\mathbf{a}$의 일부 변수들은 개인의 특성 (예를 들어 수입과 같은)을 나타내는데, 개인별로 다른 값을 갖는다. 따라서 $\mathbf{a}$가 확률밀도함수 $f(\mathbf{a})$에 따라 의사결정자들의 모집단에서 확률분포로 나타내어 질 수 있다. 대안 k의 선택함수 $P_k(\mathbf{a})$가 주어진 경우 모집단 중에서 대안 k를 선택하는 비율은

$$\bar{P}_k = \int_{\mathbf{a}} P_k(\mathbf{a}) f(\mathbf{a}) d\mathbf{a} \tag{8.33}$$

위의 적분은 다중적분으로서 계산하기 어려울 수 있다. (8.33)는 $P_k(\mathbf{a})$의 기대치 $E_{\mathbf{a}}[P_k(\mathbf{a})]$를 나타낸다. 위의 적분은 $\mathbf{a}$값이 비슷한 그룹으로 모집단을 나누어 $P_k(\mathbf{a})$를 그룹별로 계산하고 그 평균값을 계산하면 구할 수 있다. 또한 $P_k(\mathbf{a})$를 Monte Carlo 모의실험으로 계산할 수 있다. 이 경우, $f(\mathbf{a})$로 부터 임의의

값들 $\mathbf{a}$를 샘플링한 후, 각 값들에 대하여 선택확률 $P_k(\mathbf{a})$를 계산하고 이러한 반복된 실행의 평균을 계산하여 $\bar{P}_k$로 정한다.

8.3 확률적 배정

사용자평형 통행배정에서는 각각의 사용자가 기종점간 최소비용을 갖는 경로를 사용한다고 가정한다. 따라서 사용자평형 통행배정에서는 기종점간의 모든 통행수요를 기종점을 연결하는 최소비용에 모두 배정하는 전량배정을 사용하였다. 이절에서는 전량배정의 개념을 보다 일반화시킨 배정방법을 소개한다. 이 모형에서는 네트워크 배정문제를 확률효용이론 및 이산선택모형의 프레임 안에서 설명한다. 이 절에서 소개하는 개념은 확률 네트워크 배정(stochastic network loading)으로 부른다. 배정문제에서는 링크의 통행비용과 통행량간의 상호작용, 즉 평형의 개념은 제외하고 링크통행비용은 정해진 상수로 가정한다.

주어진 기종점간 통행을 시작하는 운전자들의 모집단을 고려한다. 주어진 O/D는 통행시간이 정해진 다수의 경로로 연결되어 있다. 개별 운전자는 개별경로의 통행비용을 각각 다르게 인지한다. 따라서 인지된 경로비용을 운전자모집단에 걸쳐 정의된 확률변수로 정의할 수 있다. 개별 운전자의 인지된 통행시간에 따라 운전자는 최소통행시간을 갖는다고 인지된 경로를 선택한다. 각 운전자가 인지하는 특정 경로의 비용이 운전자별로 다르므로, 운전자들은 서로 다른 경로를 선택할 수 있다. 인지된 경로통행시간이 확률변수이므로 확률밀도함수를 갖는다. 확률배정문제에서는 이러한 확률밀도함수를 이용하여 경로통행량을 정한다. 링크통행량은 링크를 통과한 경로들의 통행량을 합하여 구한다.

기종점 (r, s)간의 경로 k의 인지된 통행시간을 C_k^{rs}로 표시하면, C_k^{rs}는 확률변수가 된다. 또한 측정된 경로 k의 측정된 실제 통행시간을 c_k^{rs}로 표시한다.

따라서 인지된 경로통행시간과 측정된 경로통행시간은 다음 식을 만족한다.

$$C_k^{rs} = c_k^{rs} + \xi_k^{rs} \quad \forall k, r, s \tag{8.34}$$

여기에서 ξ_k^{rs}는 에러를 나타낸다. 일반적으로 에러 ξ_k^{rs}의 기대치 $E[\xi_k^{rs}] = 0$, 또는 $E[C_k^{rs}] = c_k^{rs}$로 가정한다. 즉 인지된 경로통행시간의 평균은 측정된 경로통행시간과 일치한다. 만약에 기종점 (r,s)간을 통행하는 사용자가 많은 경우, 경로 k를 선택하는 운전자의 비율은 다음과 같이 주어진다.

$$P_k^{rs} = \Pr(C_k^{rs} \leq C_l^{rs},\ l \in P_{rs}) \quad \forall k, r, s \tag{8.35}$$

즉 특정경로를 선택하는 확률은 그 경로의 인지된 통행시간이 최소가 될 확률이다.

이산선택모형의 관점에서 보면 경로 k의 인지된 통행시간은 경로 k의 비효용(disutility)로 이해할 수 있다. 즉 기종점 (r,s)간의 모든 경로의 집합 P_{rs}가 대안들의 집합이고 대안 k의 효용 $U_k = -C_k^{rs}$로 정의할 수 있다. 따라서 효용극대화는 식 (8.35)과 동일한 식이 된다.

확률배정의 여러 모형간의 차이점은 인지된 통행시간의 확률분포에 대한 가정들이 다른 점에서 비롯한다. 확률분포가 정해지면, 각 대안을 선택하는 확률을 계산할 수 있고, 링크통행량이나 경로통행량의 계산이 가능하다. 경로통행량은 다음 식과 같이 정해진다.

$$f_k^{rs} = q_{rs} P_k^{rs} \quad \forall k, r, s \tag{8.36a}$$

또한 링크통행량은 그 링크를 통과한 경로통행량의 합으로 다음과 같이 계산된다.

$$x_a = \sum_{rs} \sum_{k} f_k^{rs} \delta_{ak}^{rs} \quad \forall a \tag{8.36b}$$

기대인지통행시간(expected perceived travel time)

경로선택모형은 경로의 효용이 다음과 같이 정의된 이산선택모형과 일치한다.

$$U_k^{rs} = -\theta C_k^{rs} \tag{8.37}$$

여기에서 θ는 양의 값을 갖는 비례상수이다. 기종점 (r, s)를 연결하는 경로들에 대한 만족함수 $\tilde{S}_{rs}(\mathbf{c}^{rs})$는 다음과 같이 정의된다.

$$\tilde{S}_{rs} = E[\max_{k \in P_{rs}} \{U_k^{rs}\}] \tag{8.38}$$

경로선택모형은 비용이나 통행시간 최소화를 목적으로 한다. 다음 식의 $S_{rs}(\mathbf{c}^{rs})$는 기종점 (r, s)간의 기대인지통행시간(혹은 예상통행시간의 기대치)로서 다음과 같이 주어진다.

$$S_{rs}(\mathbf{c}^{rs}) = E[\min_{k \in P_{rs}} \{C_k^{rs}\}] \tag{8.39}$$

$S_{rs}(\mathbf{c}^{rs})$와 $\tilde{S}_{rs}(\mathbf{c}^{rs})$와의 관계는 $C_k^{rs} = (-1/\theta)U_k^{rs}$를 대입하면 다음 식으로 요약된다.

$$\begin{aligned} S_{rs}(\mathbf{c}^{rs}) &= E[\min_k \{-\frac{1}{\theta} U_k^{rs}\}] \\ &= -\frac{1}{\theta} E[\max_k \{U_k^{rs}\}] = -\frac{1}{\theta} \tilde{S}_{rs}(\mathbf{c}^{rs}) \end{aligned} \tag{8.40}$$

따라서 기대인지통행시간은 만족함수에 -1을 곱하고 θ로 나눈 값이 된다. 이는 임의로 샘플링한 운전자가 기종점 (r,s)를 통행할 때 경험하게 되는 기대비효용(expected disutility)을 의미한다. 따라서 기종점 (r,s)간의 기대인지통행시간의 총합은 $q_{rs}S_{rs}(\mathbf{c}^{rs})$가 된다.

만족함수는 효용극대화 형태로 정의되었고, 기대인지통행시간은 비효용의 최소화로 정의되었다. 두 함수간의 관계가 만족함수에 -1을 곱한 형태이므로, $S_{rs}(\mathbf{c}^{rs})$는 $\mathbf{c}^{rs}$에 대하여 오목함수이다. 식 (8.29)에 따르면

$$\tilde{S}_{rs}(\mathbf{c}^{rs}) = \log(\sum_k \exp[V_k]) = \log(\sum_k \exp[-\theta c_k^{rs}])$$

가 된다. 따라서

$$\begin{aligned}\frac{\partial S_{rs}(\mathbf{c}^{rs})}{\partial c_k^{rs}} &= \frac{\partial\{-\frac{1}{\theta}\tilde{S}_{rs}(\mathbf{c}^{rs})\}}{\partial c_k^{rs}} = \frac{\partial\{-\frac{1}{\theta}\log(\sum_k \exp[-\theta c_k^{rs}])\}}{\partial c_k^{rs}} \\ &= -\frac{1}{\theta}\frac{-\theta\exp[-\theta c_k^{rs}]}{\sum_k \exp[-\theta c_k^{rs}]} = \frac{\exp[-\theta c_k^{rs}]}{\sum_k \exp[-\theta c_k^{rs}]}\end{aligned} \tag{8.41}$$

식 (8.41)의 마지막 항은 경로선택확률 $P_k^{rs}(\mathbf{c}^{rs})$이므로, 측정된 통행시간 c_k^{rs}에 대한 기대인지통행시간의 편미분은 다음 식을 만족한다.

$$\frac{\partial S_{rs}(\mathbf{c}^{rs})}{\partial c_k^{rs}} = P_k^{rs}(\mathbf{c}^{rs}) \tag{8.42}$$

여기에서 $P_k^{rs}(\mathbf{c}^{rs})$는 기종점 (r,s)간의 모든 경로 중에서 경로 k의 측정된 통행시간이 가장 작을 확률을 나타내고, $S_{rs}(\mathbf{c}^{rs})$는 기점 r과 종점 s간의 경로들의 수가 늘수록 감소한다.

$$S_{rs}(\mathbf{c}^{rs}, c_l^{rs}) \leq S_{rs}(\mathbf{c}^{rs}) \tag{8.43}$$

여기에서 경로통행시간 벡터 $\mathbf{c}^{rs}$는 경로 l의 측정된 통행시간 c_l^{rs}를 포함하지 않는 벡터이다. 식 (8.42), (8.43)은 만족함수의 두 번째, 세 번째 성질의 결과

이다.

만약에 경로 k의 인지된 통행시간의 분산 $\text{var}(C_k^{rs}) = 0$, $\forall k \in \mathcal{K}_{rs}$인 경우, 기종점 (r, s)의 인지통행시간은 기점 r과 종점 s간의 최소측정통행시간과 같다. 이 경우 O/D 통행수요 전체가 최단통행시간경로에 배정된다. 즉 전량배정을 하게 된다. 따라서 각 이용자가 경험하는 통행시간은 $\min_k\{c_k^{rs}\}$이다. 즉,

$$E[\min_k\{C_k^{rs}\}] \leq \min_k\{c_k^{rs}\} \tag{8.44}$$

위 식 (8.44)은 식 (8.43)를 반복적으로 적용하면 구할 수 있고, 혹은 선택집합에 대한 단조함수의 성질 (8.26b)로 부터 구할 수 있다.

확률적 배정에서는 기종점 (r, s)의 통행수요 중 k번째 경로를 사용하는 비율이 $P_k^{rs}(\mathbf{c}^{rs})$로 주어진다. 기종점 (r, s)간의 평균통행시간은 $\sum_k P_k^{rs}(\mathbf{c}^{rs})c_k^{rs}$이다. 이 평균통행시간은 확정적통행배정에서 각 이용자가 경험하게 될 통행시간보다 항상 크거나 같은 값을 갖는다.

$$\sum_k P_k^{rs}(\mathbf{c}^{rs})c_k^{rs} \geq \min_k\{c_k^{rs}\} \tag{8.45}$$

식 (8.44), (8.45)에 의해 다음 식이 성립한다.

$$q_{rs}E[\min_k\{c_k^{rs}\}] \leq q_{rs}\min_k\{c_k^{rs}\} \leq q_{rs}\sum_k c_k^{rs}P_k^{rs}(\mathbf{c}^{rs}) \tag{8.46}$$

(8.46)의 오른쪽 항은 확률배정하에서 기종점 (r, s)의 모든 이용자의 측정된 통행시간의 합을 나타낸다. 또한 왼쪽 항은 인지통행시간의 총합을 의미한다. 중간에 있는 항은 확정적 통행배정하의 총 통행시간을 나타낸다. (인지통행시간의 분산이 0인 경우 두 부등식이 등식으로 성립한다.) 모든 통행시간이 확정적으로 주어진 경우 총 통행시간은 $q_{rs}\min_k\{c_k^{rs}\}$이다. 하지만 확률적인 통행시간개념이 도입되면, 네트워크상의 총 측정된 통행시간은 증가하는 반

면, 총 인지통행시간은 감소한다.

제 9 장

확률배정

링크의 통행비용이 고정된 경우 확정적인 모형에서는 기종점간 최단경로에 전량배정을 실시하였다. 이 장에서는 링크 및 경로의 통행비용이 고정된 경우 경로선택확률에 따라 기종점간 통행량을 경로에 배정하는 확률배정 알고리즘을 소개한다. 9.1절에서는 인지에러의 확률분포가 Gumbel분포인 경우, 경로를 사전에 나열할 필요가 없는 Dial의 STOCH 알고리즘을 소개하고 9.2절에서는 인지에러가 다변량정규분포를 하는 경우의 프로빗(probit) 알고리즘을 소개한다.

9.1 로짓기반 배정모형

확률효용모형으로서의 로짓모형에서는 대안들의 에러요소가 iid Gumbel 분포를 한다고 가정한다. 로짓경로선택모형에서는 기점 r과 종점 s 사이에 있는 k번째 경로의 효용이 다음과 같이 주어진다고 가정한다.

$$U_k^{rs} = -\theta c_k^{rs} + \epsilon_k^{rs} \quad \forall k, r, s \tag{9.1}$$

여기에서 c_k^{rs}는 측정된 통행시간, θ는 양의 값을 갖는 파라미터, ϵ_k^{rs}는 Gumbel 확률분포를 갖는 에러를 나타내는 확률변수이다. 확률변수 ϵ_k^{rs}는 식 (8.34)의 인지된 통행시간의 불확실성 요소와 밀접한 관련을 갖고 있다. 식 (8.34)의 ξ_k^{rs}는 $\epsilon_k^{rs} = -\theta\xi_k^{rs} \ \forall r, s$가 된다. 각 경로들과 관련된 에러항목 ϵ_k^{rs}가 모두 동일한 확률분포를 가지므로, ϵ^{rs}로 대신 나타낼 수 있다. 이렇게 효용함수를 정의하면 경로선택확률은 다음과 같이 정의된다.

$$P_k^{rs} = \frac{e^{-\theta c_k^{rs}}}{\sum_l e^{-\theta c_l^{rs}}} \quad \forall k, r, s \tag{9.2}$$

확률적통행배정에서 효용이라는 용어대신에 이전 장에서는 인지통행시간의 개념을 사용하였다. k번째 경로의 인지통행시간은 C_k^{rs}로 주어지는데, 여기에서

$$C_k^{rs} = c_k^{rs} + \xi_k^{rs} \quad \forall k, r, s \tag{9.3}$$

위에서 사용한 ξ_k^{rs}의 정의를 이용하여

$$C_k^{rs} = c_k^{rs} - \frac{1}{\theta}\epsilon_k^{rs} \quad \forall k, r, s \tag{9.4}$$

여기에서 확률변수 ϵ_k^{rs}는 iid Gumbel 확률분포를 갖는다.

파라미터 θ는 인지통행시간의 크기에 비례해서 정한다. 로짓선택확률은 효용간의 차이의 함수이다. 적절한 비례상수를 사용하지 않는 경우, 선택확률이 측정단위에 의존할 수 있다. 로짓모형의 경우 이 파라미터는 경로의 인지통행시간의 표준편차에 역으로 의존한다. 이 파라미터의 영향을 살펴보려면 특정 O/D가 다수의 경로로 연결된 상황을 가정하자. 경로통행량이 로짓공식인 식 (8.36a)에 의해 주어진다고 가정하자. θ의 값이 아주 큰 경우, 인지에러는 작고, 이용자는 측정통행시간이 가장 작은 경로를 선택하는 경향이 있다. 반면에 θ의 값이 작은 경우에는 인지에러의 분산값이 크므로 이용자들은 다수의

경로를 선택하는 경향이 있다. 이 경우 심지어 경로의 측정통행시간이 최소비용경로에 비해 상당히 큰 경로도 이용자들은 선택하게 된다. $\theta \to 0$의 경우 경로선택비율은 모두 같은 값을 갖게 된다.

본 절에서는 로짓기반 네트워크 배정에 적용되는 알고리즘을 소개한다.

STOCH 알고리즘

이 절에서는 인지에러가 iid Gumbel 분포를 하는 경우 식 (9.2)에 따라 기종점간 통행량을 배정하는 Dial(1971)의 STOCH 알고리즘을 소개한다. 이 알고리즘은 네트워크 범위에서 로짓 경로선택을 계산한다. 이 알고리즘에서는 기종점간 경로중 합리적인 경로에는 경로의 길이에 비례하여 통행량이 배정되고, 비합리적인 경로에는 통행량이 배정되지 않는다. 따라서 STOCH 알고리즘에서는 합리적인 경로들을 사전에 파악하는 절차가 포함되어 있다.

합리적인 경로는 운전자가 그 링크를 통과하는 경우 기점에서 점점 멀어지고 종점에는 점점 가까워지는 링크만 포함한다. 합리적인 경로를 정의하기 위해 각 노드마다 두 개의 표지 $r(i)$와 $s(i)$를 정의한다. 표지 $r(i)$는 노드 i와 출발점 r간의 최소통행비용경로의 통행시간을 나타내고, $s(i)$는 노드 i와 도착지 s간의 최소통행비용경로의 통행시간을 나타낸다. STOCH 알고리즘에서 고려하는 합리적인 경로에는 링크 (i, j)의 두 표지가 $r(i) < r(j)$, $s(i) > s(j)$를 만족하는 링크만 포함한다. $r(i)$를 모든 노드에 대하여 계산하려면, 기점 r에서 Dijkstra 알고리즘을 한 번 실행하면 된다. $s(i)$의 계산은 종점 s에서 링크의 방향을 반대로 바꾸고 Dijkstra의 알고리즘을 한 번 실행하면 구할 수 있다. 따라서 모든 기종점 (r, s)에 대하여 Dijkstra 알고리즘을 두 번 실행하면 $r(i)$와 $s(j)$를 구할 수 있다.

STOCH 알고리즘을 적용하면, 주어진 기종점간의 모든 합리적인 경로의 선택확률은 0보다 큰 값을 갖고, 비합리적인 경로의 선택확률은 0이 된다. 또한 합리적인 경로이며 경로의 길이가 동일할 경우에는 선택확률의 값이 동일하다. 또한 다수의 합리적인 경로가 있는 경우, 짧은 경로에 더 큰 선택확률이 부여된다. 아래 기술하는 STOCH 알고리즘은 Sheffi(1985)의 11장에 기술된 내용이다.

단계 1 (준비단계). (a) 노드 r에서 다른 모든 노드까지의 최소통행시간을 계산한다. 각 노드별로 $r(i)$를 정한다.

(b) 각 노드 i로 부터 노드 s까지의 최소통행시간을 계산한다. 각 노드별로 $s(i)$를 정한다.

(c) $\mathcal{O}_i$는 노드 i를 출발노드로 하는 모든 링크들의 도착노드로 구성된 집합이다.

(d) $\mathcal{F}_i$는 노드 i가 도착노드인 모든 링크들의 출발노드로 구성된 집합이다.

(e) 각 링크 (i,j)에 대하여 링크우도(link likelihood) $L(i,j)$를 계산한다. 링크우도

$$L(i,j) = \begin{cases} e^{\theta[r(j)-r(i)-t(i,j)]} & r(i) < r(j)\text{이고 } s(i) > s(j)\text{인 경우} \\ 0 & \text{그렇지 않은 경우} \end{cases} \tag{9.5}$$

로 정의한다. 여기에서 $t(i,j)$는 링크 (i,j)의 측정통행시간이다.

단계 2 (전진과정). 기점 r부터 시작하여 $r(i)$값이 증가하는 순서대로 각 노드를 검사한다. 각 노드 i에 대하여 링크비용 $w(i,j)$를 각 노드 $j \in \mathcal{O}_i$에 대하여 계산한다. 여기에서

$$w(i,j) = \begin{cases} L(i,j) & i = r \text{ 즉, 노드 } i\text{가 기점인 경우} \\ L(i,j)\sum_{m\in\mathcal{F}_i} w(m,i) & \text{그렇지 않은 경우} \end{cases} \tag{9.6}$$

종점 s에 도착하면 이 단계를 종료한다.

단계 3 (후진과정). 종점 s부터 시작하여 노드들을 $s(j)$값이 증가하는 순서대로 고려한다. 각 노드 j를 고려할 때, 각 노드 $i \in \mathcal{F}_j$ (즉, 노드 j로 들어가는 각각의 링크에 대하여), 다음과 같은 배정을 실시한다.

$$x(i,j) = \begin{cases} q_{rs} \frac{w(i,j)}{\sum_{m \in \mathcal{F}_j} w(m,j)} & j = s\text{인 경우, 즉 노드 } j\text{가 종점인 경우} \\ [\sum_{m \in \mathcal{O}_j} x(j,m)] \frac{w(i,j)}{\sum_{m \in \mathcal{F}_j} w(m,j)} & \text{모든 다른 링크 } (i,j)\text{에 대하여} \end{cases} \tag{9.7}$$

이 단계를 기점에 도착할 때까지 수행한다.

식 (9.7)의 $w(i,j)/\sum_{m \in \mathcal{F}_j} w(m,j)$는 노드 j를 통과할 때, 링크 (i,j)를 통과하는 확률을 나타내고, $\sum_{m \in \mathcal{O}_j} x(j,m)$은 노드 j를 통과하는 통행량의 합을 의미한다.[22]

이 알고리즘에 의해 생성된 통행량은 모든 기종점에 대하여 합리적인 경로들만 고려했을 경우의 로짓기반 통행배정에 해당한다. 링크우도 $L(i,j)$는 기종점 (r,s)간에 통행하는 이용자의 모집단에서 임의로 이용자를 샘플링했을 경우 링크 (i,j)가 사용될 로짓확률과 일치한다. 경로가 사용될 확률은 이 경로를 구성하는 모든 링크들의 링크우도를 곱한 것과 같다. 즉,

$$P_k^{rs} = K \prod_{ij} [L(i,j)]^{\delta_{ij,k}^{rs}} \tag{9.8}$$

여기에서 K는 비례상수이고, 위의 곱셈은 모든 링크에 대하여 수행되었다. 여기에서 $\delta_{ij,k}^{rs}$ 때문에 P_k^{rs}에는 경로 k를 구성하는 링크들만 포함된다. 링크우도 식 (9.5)를 식 (9.8)에 대입하면, 합리적인 경로의 경우

$$P_k^{rs} = K \prod_{ij} \exp\{\theta[r(j) - r(i) - t(i,j)]\delta_{ij,k}^{rs}\}$$

$$= K \exp\{\theta \sum_{ij} [r(j) - r(i) - t(i,j)] \delta_{ij,k}^{rs}\}$$

$$= K \exp\{\theta [u_{rs} - c_k^{rs}]\} \tag{9.9}$$

(9.9)은 다음 식으로 부터 비롯된다.

$$\sum_{ij} [r(j) - r(i)] \delta_{ij,k}^{rs} = r(s) - r(r) = u_{rs} \tag{9.10a}$$

u_{rs}는 기종점 (r,s)간의 최소비용경로의 통행시간이고

$$\sum_{ij} t(i,j) \delta_{ij,k}^{rs} = c_k^{rs} \tag{9.10b}$$

식 (9.9)에서 $u_{rs} \le c_k^{rs}$, $\forall k \in P_{rs}$이고 $\theta > 0$이므로, $c_l^{rs} > c_k^{rs}$이면, $P_l^{rs} < P_k^{rs}$이다. 즉 길이가 긴 경로의 선택확률이 작은 값을 갖는다. 또한 $c_l^{rs} = c_k^{rs}$이면, $P_l^{rs} = P_k^{rs}$, 즉 경로의 길이가 같을 경우, 선택확률의 값은 동일하다.

식 (9.9)이 확률로 정의되기 위해서는 비율상수 K가 다음 식을 만족해야 한다.

$$\sum_k P_k^{rs} = 1$$

따라서

$$K = \frac{1}{\sum_l e^{\theta(u_{rs} - c_l^{rs})}}$$

즉,

$$P_k^{rs} = \frac{e^{\theta(u_{rs} - c_k^{rs})}}{\sum_l e^{\theta(u_{rs} - c_l^{rs})}} = \frac{e^{-\theta c_k^{rs}}}{\sum_l e^{-\theta c_l^{rs}}} \tag{9.11}$$

식 (9.11)은 O/D (r,s)를 연결하는 합리적인 경로들 중에서 경로 k를 선택하는 로짓모형에 의한 경로선택확률을 나타낸다.

아래 그림은 9개의 노드, 12개의 링크로 구성된 간단한 네트워크를 보여준다. 그림 9.1은 Sheffi(1985)의 11장에 소개된 예제이다. 링크 위의 수는 링크의 통행시간이 표시한다. 이 네트워크에서 기점은 1번 노드, 종점은 9번 노드로 가정하고 기종점간 통행량 $q_{19} = 1000$으로 가정한다. 노드 1과 노드 9를 연결하는 경로는 총 6개 존재한다. 그림 9.1에 대하여 모든 노드들에 대하여 $r(i)$와

그림 9.1: STOCH 알고리즘의 예시 네트워크

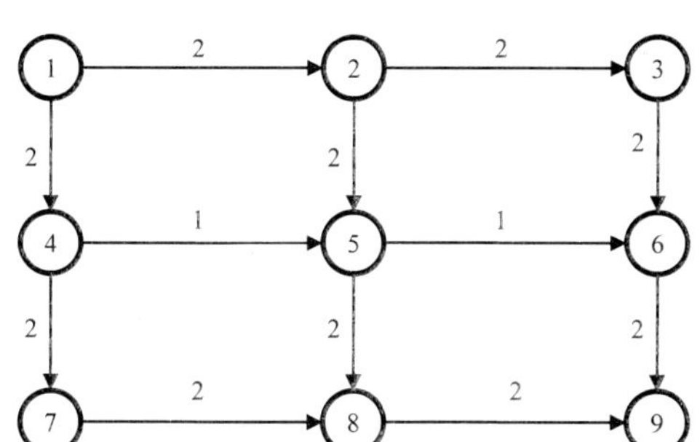

$s(i)$를 계산한 결과가 그림 9.2에 나타나 있다. 그림 9.2에서 보면, $s(4) = s(7)$이므로 링크 (4, 7)은 합리적인 경로에서 제외된다. 따라서 링크 (4, 7)을 사용하는 경로 $1 \rightarrow 4 \rightarrow 7 \rightarrow 8 \rightarrow 9$는 합리적인 경로가 아니다. 또한 링크 (3, 6)의 경우 $r(3) = r(6) = 4$이므로, 링크 (3, 6)을 사용하는 경로도 제외된다.

표 9.1은 STOCH 알고리즘을 적용한 결과를 보여준다. 표 9.1의 열들은 경로, 경로의 통행비용, 경로의 선택확률 및 경로의 확률배정통행량을 보여준다. 링크 (3,6)과 (4,7)을 포함하는 첫 번째 및 마지막 경로는 합리적인 경로가 아니므로 제외되었고 나머지 4개의 경로에 O/D 통행량 1000이 배정되었음을 알 수 있다. 전량배정과 달리 최소비용경로가 아닌 경로들에도 배정이 이루어졌다.

그림 9.2: 노드별 표지 $r(i)$와 $s(i)$

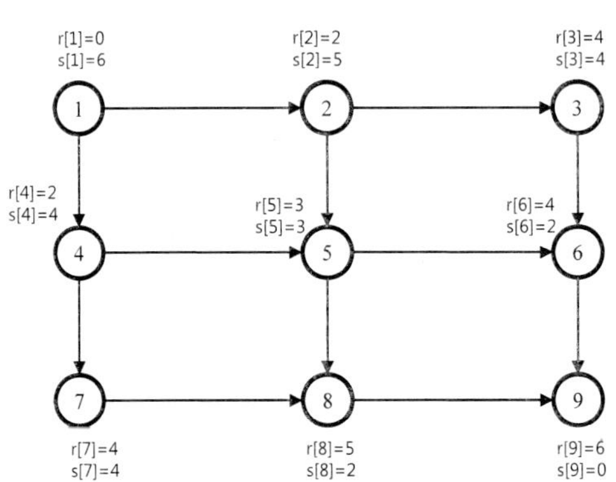

경로배정통행량은 O/D 통행량에 경로선택확률을 곱한 값이다.

표 9.1: STOCH 알고리즘의 적용 결과

경로	통행비용	경로선택확률	경로통행량
$1 \to 2 \to 3 \to 6 \to 9$	8	0	0
$1 \to 2 \to 5 \to 6 \to 9$	7	0.197	197
$1 \to 2 \to 5 \to 8 \to 9$	8	0.072	72
$1 \to 4 \to 5 \to 6 \to 9$	6	0.534	534
$1 \to 4 \to 5 \to 8 \to 9$	7	0.197	197
$1 \to 4 \to 7 \to 8 \to 9$	8	0	0

STOCH 알고리즘의 경우 기종점별로 Dijkstra 알고리즘을 두 번 풀어야 한다. Sheffi(1985)는 합리적인 경로의 정의를 완화하여 합리적인 경로는 $r(i) < r(j)$가 성립하는 모든 링크 (i, j)를 포함한다고 가정하였다. 이렇게 합리적인 경로의 정의를 완화하면, 기점별로 Dijkstra 알고리즘을 한 번 풀면 표지값 $r(i)$를 모두 계산할 수 있다. 로짓확률분포기반의 확률배정 알고리즘으로 STOCH 알

고리즘 이외의 연구는 Bell(1995), Bell et al.(1997) 및 Huang과 Bell(1998) 등이 있다. Bell이 제안한 알고리즘은 Floyd의 최단경로알고리즘을 수정한 알고리즘으로서 STOCH 알고리즘과 마찬가지로 모든 경로를 사전에 나열할 필요가 없다.

9.2 프로빗 기반 배정모형

이 절에서는 Sheffi(1985)에 소개된 프로빗 확률배정 알고리즘을 소개한다. 프로빗 경로선택모형에서는 특정경로의 인지통행시간은 측정된 경로통행시간이 평균인 정규분포를 한다. 이 분포는 링크의 확률분포로부터 계산할 수 있다.

T_a를 운전자 모집단에서 임의로 샘플링한 이용자가 인지하는 링크 a의 통행시간으로 가정한다. T_a는 확률변수로서 평균값은 측정된 링크통행시간이고 분산은 측정된 링크통행시간에 비례하는 정규분포를 갖는다. 즉

$$T_a \backsim N(t_a, \beta t_a) \tag{9.12}$$

여기에서 β는 비례상수이다. β를 단위통행시간 동안 통과할 수 있는 구간에 대한 인지통행시간의 분산으로 해석할 수 있다. 겹치지 않는 구간들에 대한 통행시간 예측이 독립적으로 수행된다고 가정할 때, 통행시간이 t_a인 구간의 분산은 βt_a이다.

링크통행시간에 대한 예측치가 갖는 불확실성은 통행시간 이외에도 링크의 길이에 의존한다. 따라서 식 (9.12)의 분산은 βl_a로 정의될 수 있다. 여기에서 l_a는 링크의 길이이다. 또한 분산은 링크 a의 자유통행시간 t_a^0에 비례한다고 가정하여 βt_a^0로 정의될 수 있다. 즉 $t_a^0 = t_a(0)$이다. 이 절에서는 간단히 $\text{var}(T_a) = \beta t_a$로 정의한다.

링크통행시간을 모형화할 때 정규분포를 가정하는 경우 링크통행시간이 음의 값을 가질 수 있다. 링크통행시간이 양의 값만 갖게 하기 위해서는 확률

밀도함수의 형태가 양의 값만을 갖고 오른 쪽으로 긴 끝을 갖는, 즉 positive skewness를 가진 확률밀도함수, 예를 들어 gamma 확률분포가 더 적합할 수 있다. 하지만 예측에러의 상대적인 크기가 평균 t_a에 비해 작다고 가정하는 경우 링크통행시간의 값의 범위는 gamma 분포가 정규분포로 대체할 수 있는 구간이다. 따라서 예상통행시간이 정규분포를 한다고 가정할 수 있다. 겹치지 않는 구간의 통행시간에 대한 예측통행시간은 확률적으로 독립이므로, 확률변수 $\{T_a\}$는 상호독립이다.

경로 k의 예상통행시간의 확률분포는 다음 식으로부터 얻어진다.

$$C_k^{rs} = \sum_a T_a \delta_{ak}^{rs} \quad \forall k, r, s \tag{9.13}$$

식 (9.13)에서 기종점 (r, s)간의 경로 k는 이 경로를 구성하는 모든 링크들의 예상통행시간의 합으로 주어진다. 정규분포의 다음 성질을 이용하여 경로의 예상통행시간은 정규분포를 하고 평균 c_k^{rs}는

$$c_k^{rs} = \sum_a t_a \delta_{ak}^{rs} \tag{9.14a}$$

이고 분산은

$$\text{var}(C_k^{rs}) = \sum_a \beta t_a \delta_{ak}^{rs} = \beta c_k^{rs} \tag{9.14b}$$

위 식은 식 (9.12) 및 식 (9.13)으로 부터 도출할 수 있다. 하지만 경로통행시간은 확률적으로 독립이 아니다. 만약에 두 경로 k와 l이 동일한 링크를 공유하는 경우, 두 경로의 예상통행시간은 상관된다. 두 경로의 예상통행시간의 공분산

(covariance)는 다음 식으로 주어진다.

$$\text{cov}(C_k^{rs}, C_l^{rs}) = \sum_a \beta t_a \delta_{ak}^{rs} \delta_{al}^{rs} = \beta c_{kl}^{rs} \tag{9.15}$$

여기에서 c_{kl}^{rs}는 기종점 (r, s)간의 경로 k와 l간의 공유된 링크들을 통행하는 측정된 통행시간이다.

예상통행시간의 확률분포는 다변량정규분포를 사용하여 다음과 같이 계산된다. $\mathbf{T} = (\ldots, T_a, \ldots)$가 링크의 인지통행시간 벡터를 나타내고, $\mathbf{T}$가 다변량정규분포를 한다고 가정한다.

$$\mathbf{T} \backsim \text{MVN}(\mathbf{t}, \mathbf{\Sigma}') \tag{9.16}$$

여기에서 $\mathbf{t} = (\ldots, t_a, \ldots)$이고 $\mathbf{\Sigma}' = [\beta \cdot \mathbf{t} \cdot \mathbf{I}]$, 여기에서 $\mathbf{I}$는 단위행렬이다. 식 (9.16)의 공분산행렬은 대각행렬이고 대각항은 βt_a로 주어진다. $\mathbf{\Delta}^{rs}$는 기종점 (r, s)간의 링크-경로 incidence 행렬이다. 기점 r과 종점 s를 연결하는 모든 경로들의 예상통행시간 벡터 $\mathbf{C}^{rs} = (\ldots, C_k^{rs}, \ldots)$는 $\mathbf{C}^{rs} = \mathbf{T} \cdot \mathbf{\Delta}^{rs}$이다. 이 벡터의 결합밀도함수는 다음 식으로 주어진다.

$$\mathbf{C}^{rs} \backsim \text{MVN}(\mathbf{c}^{rs}, \mathbf{\Sigma}^{rs}) \quad \forall r, s \tag{9.17a}$$

여기에서

$$\mathbf{c}^{rs} = \mathbf{t} \cdot \mathbf{\Delta}^{rs} \quad \forall r, s \tag{9.17b}$$

$$\mathbf{\Sigma}^{rs} = \mathbf{\Delta}^{rs^T} \cdot [\beta \mathbf{t} \cdot \mathbf{I}] \cdot \mathbf{\Delta}^{rs} \quad \forall r, s \tag{9.17c}$$

행렬 $\mathbf{\Sigma}^{rs}$의 대각항들은 식 (9.14b)의 분산들이고, 비대각항들은 식 (9.15)에 있는 공분산항들이다.

예상통행시간의 확률분포를 알면, 각 경로로 배정되어야 하는 기종점통행량 q_{rs}의 양을 알 수 있다. 하지만 일반적인 네트워크의 모든 경로를 나열하기 어렵기 때문에 경로선택 확률을 Clark의 방법과 같은 순차적근사법으로 계산할 수는 없다. 경로를 모두 열거 가능한 소규모네트워크에서도 Clark의 순차적근사법을 사용하기는 불가능하다. 따라서 이 경우 유일한 방법은 Monte Carlo 모의실험을 하는 수밖에 없다.

프로빗 기반 확률배정 알고리즘

단계별로 모든 링크에 대하여 링크의 인지통행시간을 확률밀도함수에서 샘플링한다. 링크의 인지통행비용이 결정된 후 기종점별로 전량배정을 실시한다. 즉, 기종점간의 통행수요는 기종점을 연결하는 최단경로에 모두 배정된다. 이러한 샘플링/전량배정의 단계를 반복한다. 이 과정이 종료한 후, 링크별로 모든 단계에 대한 평균값을 계산하면 그 값이 링크의 확률배정값이 된다. 샘플링방법의 장점은 경로에 대하여 샘플링을 수행할 필요가 없는 점이다. 따라서 경로를 나열할 필요가 없어진다.

샘플링/배정 단계를 수행하는 횟수는 링크통행량의 평균값의 분산에 의해 결정된다. 아래 알고리즘에서 $X_a^{(l)}$는 샘플링/배정을 l번 수행한 후의 링크 a의 통행량을 나타낸다. 이 시점의 링크통행량 추정치는

$$x_a^{(l)} = \frac{1}{l} \sum_{m=1}^{l} X_a^{(m)} \tag{9.18}$$

각 링크의 샘플표준편차는

$$\sqrt{\frac{1}{l-1} \sum_{m=1}^{l} (X_a^{(m)} - x_a^{(l)})^2} \tag{9.19}$$

$\sigma_a^{(l)}$이 $x_a^{(l)}$의 표준편차인 경우, $\sigma_a^{(l)}$은 다음과 같이 주어진다.

$$\sigma_a^{(l)} = \sqrt{\frac{1}{l-1}\sum_{m=1}^{l}(X_a^{(m)} - x_a^{(l)})^2} \quad \forall a \tag{9.20}$$

위의 표준편차는 알고리즘의 종료기준으로 사용될 수 있다. 예를 들어 알고리즘은 다음 조건을 만족할 때 종료한다.

$$\max_a\{\sigma_a^{(l)}\} \leq \kappa \tag{9.21}$$

여기에서 κ는 요구되는 정확도를 반영하는 사전에 정해진 상수이다. 종료기준이 다음과 같이 평균통행량의 분산의 크기에 대한 분산의 상대적 크기를 비교하는 조건일 수 있다.

$$\frac{\sum_a \sigma_a^{(l)}}{\sum_a x_a^{(l)}} \leq \kappa' \text{ 혹은 } \max_a\{\frac{\sigma_a^{(l)}}{x_a^{(l)}}\} \leq \kappa'' \tag{9.22}$$

여기에서 κ'와 κ''는 상수이다. 프로빗 기반 확률배정을 위한 Monte Carlo 모의실험 알고리즘은 다음과 같이 요약할 수 있다.

단계 1 (초기화). $l = 1$

단계 2 (샘플링). 각 링크별로 $T_a^{(l)}$를 $T_a^{(l)} \backsim N(t_a, \beta t_a)$에서 샘플링한다.

단계 3 (전량배정). $\{T_a^{(l)}\}$을 사용하여, $\{q_{rs}\}$를 O/D (r, s)를 연결하는 최단경로에 전량배정한다. 전량배정의 결과, 링크통행량 $\{X_a^{(l)}\}$가 정해진다.

단계 4 (통행량 평균계산). $x_a^{(l)} = [(l-1)x_a^{(l-1)} + X_a^{(l)}]/l, \ \forall a$

단계 5 (종료기준 검사). $\sigma_a^{(l)} = \sqrt{\frac{1}{l(l-1)}\sum_{m=1}^{l}[X_a^{(m)} - x_a^{(l)}]^2} \quad \forall a$일 때, $\max_a\{\sigma_a^{(l)}/x_a^{(l)}\} \leq \kappa$이면 종료한다. 이 때 최적해는 $\{x_a^{(l)}\}$가 된다. 그렇지 않으면, $l = l + 1$로 하고 단계 2로 간다.

제 10 장

확률통행배정모형

이 장에서는 Sheffi와 Powell (1982) 및 Sheffi(1985)에서 소개한 확률적 사용자평형을 달성하는 확률통행배정문제에 대한 최적화문제와 그 해법을 소개한다.[1] 8, 9장에서 고려한 확률적통행배정(stochastic network loading) 문제에서는 링크통행비용이 고정된 경우, O/D통행량을 인지경로통행시간이 최소인 경로에 배정한다. 사용자가 인지하는 통행시간은 상수가 아닌 확률변수이고, 인지에러에 대한 확률분포가 가정되었다. 이 장에서 고려하는 모형에서는 인지경로통행시간이 확률변수이며 동시에 링크통행량의 함수로 가정된다. 즉, 각 링크의 통행시간의 평균은 그 링크를 통과하는 링크통행량의 함수로 가정한다.

O/D 행렬 $\{q_{rs}\}$가 주어진 경우, 확률적 사용자평형조건은 다음과 같이 주어진다.

$$f_k^{rs} = q_{rs} P_k^{rs} \quad \forall k, r, s \tag{10.1}$$

여기에서 P_k^{rs}는 측정된 경로통행시간이 주어진 경우 기종점 (r, s)의 경로 k를

[1] 10.1, 10.2, 10.3절은 Sheffi (1985)의 12장에서 발췌한 내용을 요약하였다.

선택할 확률을 나타낸다. 즉, $P_k^{rs} = P_k^{rs}(\mathbf{t}) = \Pr(C_k^{rs} \leq C_l^{rs}, \forall l \neq k \in \mathcal{K}_{rs}|\mathbf{t})$ 이고, 여기에서 C_k^{rs}는 기종점 (r,s)의 경로 k의 인지통행시간을 나타내는 확률변수로서 $C_k^{rs} = \sum_a T_a \delta_{ak}^{rs}$, $\forall k, r, s$이고 $\mathcal{K}_{rs}$는 기종점 (r,s)를 연결하는 경로들의 집합이다. 확률적사용자평형은 또한 다음 조건을 만족해야 한다.

$$t_a = t_a(x_a) \quad \forall a \tag{10.2a}$$

$$\sum_k f_k^{rs} = q_{rs} \quad \forall r, s \tag{10.2b}$$

여기에서 $t_a = E[T_a]$이고, $x_a = \sum_{rs} \sum_k f_k^{rs} \delta_{ak}^{rs}$, $\forall a$이다. (10.1)에서 경로선택확률은 평형상태의 평균링크통행시간에 의존하는 조건부 확률이다.

만약에 평균링크통행시간이 사전에 주어진 경우, 앞장에서 기술한 확률배정으로 위의 문제를 풀 수 있다. 이 장에서는 평균링크통행시간은 링크통행량의 함수로 가정한다. 경로통행량 f_k^{rs}가 식 (10.1)을 만족하는 경우, 식 (10.2b)는 자동적으로 만족한다. 즉, $\sum_k P_k^{rs} = 1$이므로, $\sum_k f_k^{rs} = \sum_k q_{rs} P_k^{rs} = q_{rs} \sum_k P_k^{rs} = q_{rs}$, $\forall r, s$.

식 (10.1)은 확률적 사용자평형 (Stochastic User-Equilibrium, SUE)상태를 정의한다. 즉 SUE상태에서는 어떤 운전자도 일방적으로 경로변경을 하는 경우, 자신의 인지통행시간을 단축할 수 없다. 경로선택확률은 선택한 경로에 대한 인지통행시간이 선택 가능한 경로 중 최소가 될 확률로 해석한다. SUE 상태에서 측정한 동일한 기종점을 연결하는 경로의 통행시간은 확정적 사용자평형조건과 달리 동일하지 않다. 대신 식 (10.1)이 성립한다. 확률적사용자평형에서 경로통행시간의 예측오차가 0인 경우, SUE 상태는 확정적 사용자평형과 일치한다. 아래에서는 이점을 증명하도록 한다. 먼저 경로선택확률이 이산확률분포나 연속확률분포 두 가지 경우 모두에 적용할 수 있도록 P_k^{rs}를 정의한다.

$$\Pr[C_k^{rs} < C_l^{rs}, \forall l \neq k|\mathbf{t}] \leq P_k^{rs} \leq \Pr[C_k^{rs} \leq C_l^{rs}, \forall l \neq k|\mathbf{t}] \quad \forall k, r, s \tag{10.3}$$

위 정의를 사용하면, SUE 조건을 아래와 같이 쓸 수 있다.

$$\Pr[C_k^{rs} < C_l^{rs}, \forall l \neq k|\mathbf{t}] \leq \frac{f_k^{rs}}{q_{rs}} \leq \Pr[C_k^{rs} \leq C_l^{rs}, \forall l \neq k|\mathbf{t}] \quad \forall k, r, s \tag{10.4}$$

위 조건은 인지경로통행시간의 분포 $\{C_k^{rs}\}$가 연속확률변수 혹은 이산확률변수 두 가지 경우 모두에 적용할 수 있다. 이산확률변수인 경우에만 두 경로의 통행시간이 일치할 확률이 0보다 큰 값을 가질 수 있다. 식 (10.4)는 식 (10.1)의 일반화한 경우이다. 경로통행시간이 연속확률변수인 경우, 두 경로의 인지통행시간이 동일할 확률은 0이 되고, 식 (10.4)의 왼쪽 항은 오른쪽 항과 일치하여 모든 항목간에 등식이 성립한다.

UE 조건이 SUE조건의 특별한 경우임을 증명하기 위하여, 확정적(deterministic) 통행시간인 경우를 고려한다. 즉 확정적 통행시간은 인지통행시간의 분산이 0이 되는 경우이다. 이 경우 인지통행시간이 측정된 통행시간과 일치한다. 즉, $\mathbf{C} = \mathbf{c}$가 된다. 경로통행시간이 이산확률변수인 경우, 다수의 경로통행시간이 동일할 수 있고 이 경우, 식 (10.4)의 항들 간에는 등식이 성립하지 않고 부등식만 성립한다.

기종점 (r, s)의 경로 중 두 경로의 통행시간이 동일하다고 가정하는 경우, 모든 경로 k에 대하여 다음 식이 성립한다.

$$\Pr[c_k^{rs} < c_l^{rs}, \forall l \neq k|\mathbf{t}] = 0 \tag{10.5}$$

만약에 식 (10.4)의 왼쪽 항이 등식으로 성립하면, 식 (10.5)에 의해, $f_k^{rs} = 0\ \forall k$. 즉, 모든 경로의 통행량이 0이 된다. 따라서 식 (10.2b)가 위배된다. 또한 두 경

로의 통행시간이 같다면,

$$\Pr[c_k^{rs} \leq c_l^{rs}, \forall l \neq k|\mathbf{t}] = \begin{cases} 1 & \text{두 개의 최단경로인 경우} \\ 0 & \text{최단경로가 아닌 경우} \end{cases} \tag{10.6}$$

만약에 식 (10.4)의 오른쪽 항이 등식으로 성립하면, r과 s사이의 두 최소비용경로에 q_{rs}만큼의 통행량이 흐르게 되어 너무 많은 통행량이 흐르는 결과가 되어 식 (10.2b)가 위배된다. 만약에 인지된 경로통행비용이 이산확률분포이고 확정적인 경우에는 $f_k^{rs}/q_{rs} \neq \Pr[C_k^{rs} < C_l^{rs}, \forall l \neq k|\mathbf{t}]$가 되고, $f_k^{rs}/q_{rs} \neq \Pr[C_k^{rs} \leq C_l^{rs}, \forall l \neq k|\mathbf{t}]$가 된다.

평형상태조건 (10.4)을 확정적인 경우에 적용하기 위해서는 이 식의 왼쪽 항과 오른쪽 항의 값은 0 혹은 1의 값을 갖는다. 만약에 경로 k에 통행량이 흐르는 경우, 즉 k가 최소비용경로인 경우,

1. $f_k^{rs} > 0$인 경우에는, 식 (10.4)의 오른쪽 항의 확률은 반드시 1이어야 한다. 즉 k가 최소비용 경로인 경우이다.

2. $f_k^{rs} = 0$인 경우에는 식 (10.4)의 왼쪽 항의 확률은 0이 된다. 또한 k의 통행비용보다 더 적은 경로가 반드시 존재한다. 따라서 위 두 조건을 아래와 같이 정리할 수 있다.

$$f_k^{rs} > 0 \text{ 이므로 } c_k^{rs} \leq c_l^{rs} \quad \forall l \neq k \tag{10.7a}$$

$$f_k^{rs} = 0 \text{ 이므로 } c_k^{rs} \geq c_l^{rs} \quad \text{적어도 경로 } l \neq k\text{가 존재하는 경우} \tag{10.7b}$$

식 (10.7)은 통행량이 0보다 크고 통행시간이 동일한 경로들의 집합을 정의한다. 또한 이 경로들 이외의 경로들의 통행량이 0이 된다. 통행량이 0인 경로들의 통행시간은 통행량이 양인 경로들의 통행시간보다 크거나 같다. 이 결론은 확

정적 사용자평형(UE)의 정의와 일치한다. 따라서 식 (10.7)은 UE를 정의하며, SUE 조건 (10.4)가 UE의 일반화된 조건임을 알 수 있다.

10.1 SUE 최소화문제

본 절에서는 제약식이 없는 최소화문제를 정의하고 이 최소화문제의 KKT 최적조건이 SUE 조건 (10.1), (10.2)을 만족함을 증명한다.

이 절에서 고려하는 SUE조건과 동등한 제약식이 없는 최소화문제는 다음과 같다.

$$\min_{\mathbf{x}} z(\mathbf{x}) = -\sum_{rs} q_{rs} E[\min_{k \in \mathcal{K}_{rs}} \{C_k^{rs}\} | \mathbf{c}^{rs}(\mathbf{x})] + \sum_a x_a t_a(x_a) - \sum_a \int_0^{x_a} t_a(\omega) d\omega \tag{10.8}$$

식 (10.8)의 첫 번째 항은 기대인지통행시간을 포함한다. 따라서 식 (10.8)은 다음과 같이 쓸 수 있다.

$$\min_{\mathbf{x}} z(\mathbf{x}) = -\sum_{rs} q_{rs} S_{rs}[\mathbf{c}^{rs}(\mathbf{x})] + \sum_a x_a t_a(x_a) - \sum_a \int_0^{x_a} t_a(\omega) d\omega \tag{10.9}$$

여기에서

$$S_{rs}[\mathbf{c}^{rs}(\mathbf{x})] = E[\min_{k \in \mathcal{K}_{rs}} \{C_k^{rs}\} | \mathbf{c}^{rs}(\mathbf{x})] \tag{10.10}$$

(10.10)에서 확률변수 C_k^{rs}가 $\mathbf{c}^{rs}(\mathbf{x})$의 조건부확률로 나타낸 것은 위의 기대치가 주어진 통행량 $\mathbf{x}$의 함수임을 나타낸다. 기대통행시간은 식 (8.42)에서 증명한 바와 같이 기대통행시간 함수는 오목(concave) 함수이고 c_k^{rs}에 대한

미분은 다음과 같이 주어진다.

$$\frac{\partial S_{rs}(\mathbf{c}^{rs})}{\partial c_k^{rs}} = P_k^{rs} \tag{10.11}$$

여기에서 P_k^{rs}는 경로 k를 선택하는 확률이다.

다음과 같이 2개의 노드가 두 개의 경로로 연결된 간단한 네트워크를 고려하자. 여기에서 O/D 통행량 $q = 4$이고, 두 링크가 경로 1, 2를 나타낸다. 두

그림 10.1: 두개의 링크로 구성된 네트워크

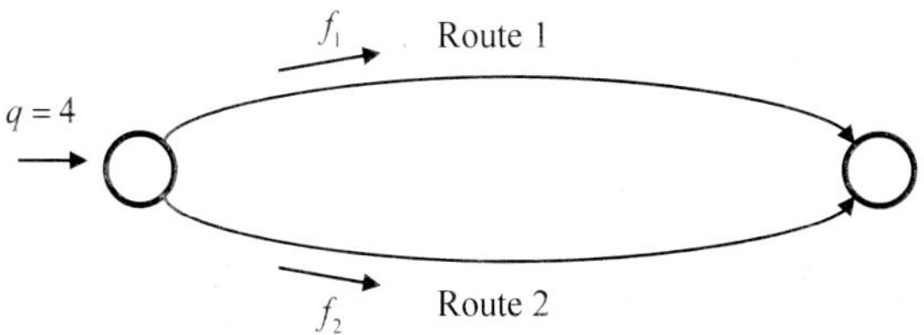

경로의 측정된 경로통행시간은 다음과 같이 계산된다.

$$c_1 = 1 + 2f_1 \tag{10.12a}$$

$$c_2 = 2 + f_2 \tag{10.12b}$$

확률배정은 로짓경로선택모형을 사용하고 로짓함수의 파라미터는 $\theta = 1$로 가정한다. 따라서 균형 상태에서 경로 1을 선택하는 비율과 경로 2를 선택하는 비율은 다음과 같이 계산된다.

$$\frac{f_1}{4} = P_1 = \frac{e^{-c_1}}{e^{-c_1} + e^{-c_2}} = \frac{1}{1 + e^{c_1 - c_2}} \tag{10.12c}$$

$$f_2 = 4 - f_1 \tag{10.12d}$$

여기에서 P_1는 경로 1을 선택하는 확률을 나타낸다. 평형상태의 링크통행량 및 경로통행량은 식 (10.12)의 연립방정식을 풀어서 구할 수 있다. 따라서 (10.12a)와 (10.12b)를 (10.12c)에 대입하고 (10.12d)를 사용하여 식 (10.12c)를 다음과 같이 나타낼 수 있다.

$$\frac{f_1}{4} = \frac{1}{1 + e^{3f_1 - 5}} \tag{10.13}$$

이 식의 해는 Newton 기법과 같은 수치해석을 사용하여 계산하면 $f_1 = 1.75$, $f_2 = 2.25$이다. 또한 경로통행시간 $c_1 = 4.5$, $c_2 = 4.25$가 된다. 경로통행시간을 (10.12c)에 대입하면 경로선택확률 $P_1 = 0.438, P_2 = 0.562$이 된다.

최소화문제 (10.8)을 이 문제에 적용하면 다음과 같은 제약식이 없는 최소화문제가 된다.

$$\begin{aligned} \min z(f_1, f_2) =& -4S[c_1(f_1), c_2(f_2)] + f_1(1 + 2f_1) + f_2(2 + f_2) \\ & - \int_0^{f_1} (1 + 2\omega) d\omega - \int_0^{f_2} (2 + \omega) d\omega \end{aligned} \tag{10.14a}$$

$$\min z(f_1, f_2) = -4S[c_1(f_1), c_2(f_2)] + f_1^2 + \frac{1}{2} f_2^2 \tag{10.14b}$$

적분을 하여 식을 단순화하면

$$\frac{\partial z(f_1, f_2)}{\partial f_1} = -4 \frac{S[c_1(f_1), c_2(f_2)]}{\partial c_1} \frac{dc_1(f_1)}{df_1} + 2f_1 \tag{10.15}$$

(10.15)이 제약식이 없으므로 최소해는 식 (10.15)을 변수 f_1과 f_2에 대하여 미분하고, 기울기가 0이 되는 f_1, f_2가 된다. $z(f_1, f_2)$의 f_1에 대한 미분은

$$\frac{\partial z(\mathbf{f})}{\partial f_1} = -4P_1 \cdot 2 + 2f_1 = -8P_1 + 2f_1 = 0 \tag{10.16a}$$

이고, f_2에 대한 미분은 다음과 같다.

$$\frac{\partial z(\mathbf{f})}{\partial f_2} = -4P_2 \cdot 1 + f_2 = -4P_2 + f_2 = 0 \qquad (10.16b)$$

(10.16)를 풀면 다음과 같다.

$$-8P_1 + 2f_1 - 8P_2 + 2f_2 = 0$$

선택확률 $P_1 + P_2 = 1$이므로

$$f_1 + f_2 = 4 \qquad (10.17)$$

따라서 $z(f_1, f_2)$를 최소화하는 점에서 통행량 보존제약식이 만족됨을 알 수 있다. 식 (10.16a)에서 선택확률

$$P_1 = \frac{1}{1 + e^{c_1(f_1) - c_2(4 - f_1)}}$$

을 대입하고 f_1에 대하여 풀면

$$(-8)\frac{1}{1 + e^{c_1(f_1) - c_2(4 - f_1)}} + 2f_1 = 0$$

f_1은 다음 식을 만족한다.

$$\frac{4}{1 + e^{(3f_1 - 5)}} = f_1 \qquad (10.18)$$

이 식은 (10.13)와 일치한다. 따라서 $f_1 = 1.75, f_2 = 2.25$가 된다. 이 예제에서는 SUE 최적조건을 직접 적용하여 구한 해와 최소화문제를 풀어 구한 해가 동일하다.

동등조건

식 (10.9)과 SUE조건과 동일함을 증명하기 위해, 식 (10.9)의 1차최적조건이 SUE조건과 일치함을 보여주어야 한다. 또한 위 문제가 제약식이 없는 형태로 주어졌기 때문에, 최적조건이 네트워크 제약식 (10.2)를 만족함을 증명하여야 한다.

제약식이 없는 최적화문제의 일차최적조건은 목적함수의 일차미분이 최적해에서 0이 된다.

$$\nabla z(\mathbf{x}) = 0 \tag{10.19}$$

일차미분은 링크통행량 벡터 $\mathbf{x}$에 대하여 정의되었다. 다음에서는 위의 일차미분의 일반적인 항인 $\partial z(\mathbf{x})/\partial x_b$를 계산한다. 식 (10.9)에는 세 개의 항이 존재한다. 그 중에서 첫 번째 항에 대한 미분은

$$\frac{\partial}{\partial x_b}\{-\sum_{rs} q_{rs} S_{rs}[\mathbf{c}^{rs}(\mathbf{x})]\} = -\sum_{rs} q_{rs} \sum_k \frac{\partial S_{rs}(\mathbf{c^{rs}})}{\partial c_k^{rs}} \frac{\partial c_k^{rs}(\mathbf{x})}{\partial x_b} \tag{10.20}$$

여기에서

$$\frac{\partial S_{rs}(\mathbf{c^{rs}})}{\partial c_k^{rs}} = P_k^{rs} \tag{10.21a}$$

또한

$$\frac{\partial c_k^{rs}(\mathbf{x})}{\partial x_b} = \frac{\partial}{\partial x_b}[\sum_a t_a(x_a)\delta_{ak}^{rs}] = \frac{dt_b(x_b)}{dx_b}\delta_{bk}^{rs} \tag{10.21b}$$

식 (10.21)을 이용하여, 식 (10.20)은 다음과 같이 정리할 수 있다.

$$\frac{\partial}{\partial x_b}[-\sum_{rs} q_{rs} S_{rs}(\cdot)] = -\sum_{rs} q_{rs} \sum_k P_k^{rs} \frac{dt_b}{dx_b}\delta_{bk}^{rs} \tag{10.22}$$

목적함수의 두 번째 항은 측정된 총통행시간이다. x_b에 대한 (10.9)의 두 번째 항의 미분은

$$\frac{\partial}{\partial x_b}[\sum_a x_a t_a(x_a)] = t_b + x_b \frac{dt_b}{dx_b} \tag{10.23}$$

목적함수의 마지막 항에 대한 미분은

$$\frac{\partial}{\partial x_b}[-\sum_a \int_0^{x_a} t_a(\omega)d\omega] = -t_b \tag{10.24}$$

식 (10.22-10.24)를 묶어서 SUE 목적함수의 일차미분은 다음과 같이 주어진다.

$$\frac{\partial z(\mathbf{x})}{\partial x_b} = [-\sum_{rs}\sum_k q_{rs} P_k^{rs} \delta_{bk}^{rs} + x_b]\frac{dt_b}{dx_b} \quad \forall b \tag{10.25}$$

링크의 vdf 함수가 순증가(strictly increasing) 함수, 즉 $dt_b/dx_b > 0$로 가정할 때, 위의 일차미분은

$$x_b = \sum_{rs}\sum_k q_{rs} P_k^{rs} \delta_{bk}^{rs} \quad \forall b \tag{10.26}$$

인 경우에 0이 된다. 식 (10.26)는 식 (10.1)에서 정의된 대로 평형상태의 링크통행량이 식 (10.1)에 정의된 평형상태의 경로통행량과 일치함을 보여준다. 즉 (10.1)의 양변에 δ_{ak}^{rs}를 곱하고 모든 기종점, 경로에 대하여 합하면 (10.26)와 일치한다.

(10.25)을 벡터형태로 표현하면 다음 식과 같다.

$$\nabla z(\mathbf{x}) = [-\sum_{rs} q_{rs} \mathbf{P}^{rs} \mathbf{\Delta}^{rs^T} + \mathbf{x}] \cdot \nabla_{\mathbf{x}} \mathbf{t} \tag{10.27}$$

여기에서 $\mathbf{P}^{rs} = (\ldots, P_k^{rs}, \ldots)$는 기종점 (r,s)의 경로선택확률 벡터이고, $\mathbf{\Delta}^{rs}$는 기종점 (r,s)의 링크-경로 incidence 행렬, $\nabla_{\mathbf{x}}\mathbf{t}$는 링크통행시간의 Jacobian 이다. Jacobian 행렬의 각 항은 링크의 vdf 함수의 각 링크통행량에 대한 편미

분값이다. 링크간의 상호작용이 없다고 가정할 때, $\nabla_{\mathbf{x}}\mathbf{t}$는 대각행렬 형태이고 대각은 $dt_a(x_a)/dx_a$항들로 구성된다. 식 (10.25)은 x_b에서의 일차미분벡터값을 보여준다.

SUE문제의 일차미분을 경로통행량에 대하여 계산할 수 있다. 이 경우 일반적인 항은

$$\frac{\partial z[\mathbf{x}(\mathbf{f})]}{\partial f_l^{mn}} = \sum_a (-q_{mn}P_l^{mn} + f_l^{mn})\frac{dt_a}{dx_a}\delta_{al}^{mn} \quad \forall l, m, n \tag{10.28}$$

목적함수를 최소화하는 경우, 위 식의 각 항은 0이 되어야 한다. 즉,

$$f_l^{mn} = q_{mn}P_l^{mn} \quad \forall l, m, n \tag{10.29}$$

식 (10.29)을 기종점 (m, n)을 연결하는 모든 경로에 대하여 합하면 $\sum_l P_l^{mn} = 1$이므로

$$\sum_l f_l^{mn} = q_{mn} \tag{10.30}$$

따라서 식 (10.2)를 만족한다.

최소화문제 (10.9)의 해가 고유함에 대한 증명은 Sheffi(1985) 12장을 참조한다.

10.2 SUE최소화문제의 알고리즘

식 (10.9)에서 고려한 SUE조건과 동등한 최소화문제는 다음과 같다.

$$\begin{aligned}\min_{\mathbf{x}} z(\mathbf{x}) = -\sum_{rs} q_{rs}E[\min_{k\in\mathcal{K}_{rs}}\{C_k^{rs}\}|\mathbf{c}^{rs}(\mathbf{x})] + \sum_a x_a t_a(x_a) \\ -\sum_a \int_0^{x_a} t_a(\omega)d\omega\end{aligned} \tag{10.31}$$

식 (10.31)에 대한 알고리즘의 일반적인 단계는 다음과 같이 구성된다.

$$\mathbf{x}^{n+1} = \mathbf{x}^n + \alpha_n \cdot \mathbf{d}^n \tag{10.32}$$

여기에서 $\mathbf{x}^n$은 단계 n에서의 링크통행량벡터, α_n은 스텝길이, $\mathbf{d}^n$은 $\mathbf{x}^n$에서 계산한 목적함수를 감소하는 방향벡터이다.

식 (10.31)의 일차도함수는 식 (10.25)에서 계산되었다. 따라서 목적함수를 감소하는 방향벡터는 일차도함수에 -1을 곱하여 다음과 같이 계산된다.

$$\mathbf{d}^n = [\sum_{rs} q_{rs} \cdot \mathbf{P}^{rs^n} \cdot \mathbf{\Delta}^{rs^T} - \mathbf{x}^n] \cdot \nabla_{\mathbf{x}} \mathbf{t} \tag{10.33}$$

식 (10.33)에서 Jacobian 행렬인 $\nabla_{\mathbf{x}} \mathbf{t}$가 양의 값을 갖는 항들로 구성된 대각행렬이므로, 이 Jacobian 행렬을 제외한 나머지 항들로 다음과 같은 간단한 목적함수를 감소하는 방향벡터를 구성할 수 있다.

$$\mathbf{d}^n = \sum_{rs} q_{rs} \cdot \mathbf{P}^{rs^n} \cdot \mathbf{\Delta}^{rs^T} - \mathbf{x}^n \tag{10.34a}$$

이 벡터가 목적함수를 감소하는 방향벡터임을 보여주기 위해서는 $\nabla z(\mathbf{x}^n) \cdot \mathbf{d}^n < 0$이 됨을 보여주면 된다. 위 방향벡터의 각 항은

$$d_a^n = \sum_{rs} q_{rs} \sum_k P_k^{rs^n} \delta_{ak}^{rs} - x_a^n \tag{10.34b}$$

위 식에서 $\mathbf{P}^{rs^n} = (\ldots, P_k^{rs^n}, \ldots)$는 n번째 단계에서의 경로선택확률벡터이다. 이 벡터의 각 항은 다음과 같다.

$$P_k^{rs^n} = P_k^{rs}(\mathbf{c}^{rs^n}) = \Pr(C_k^{rs} \leq C_l^{rs}, \forall l | \mathbf{c}^{rs^n}) \quad \forall k, r, s \tag{10.35}$$

식 (10.34b)는 두 항의 차이로 정의되었다. 다음과 같이 링크통행량 보조변수 y_a^n을 정의하면

$$y_a^n = \sum_{rs}\sum_{k} q_{rs} P_k^{rs^n} \delta_{ak}^{rs} \quad \forall a \tag{10.36}$$

확정적 통행배정모형의 목적함수를 감소하는 방향벡터처럼 현재 단계의 목적함수를 감소하는 방향벡터 d_a^n을 보조변수 y_a^n과 x_a^n의 차이로 정의한다.

$$d_a^n = y_a^n - x_a^n \quad \forall a \tag{10.37a}$$

따라서 벡터형태로 쓰면, 목적함수를 감소하는 방향벡터는

$$\mathbf{d}^n = \mathbf{y}^n - \mathbf{x}^n \tag{10.37b}$$

일반적인 최소화 문제의 경우, 다음 단계의 값은 현재 단계의 목적함수를 감소하는 방향벡터방향으로 목적함수를 최소화하는 스텝길이를 계산하여 이동한다. 하지만 SUE 최적화문제의 경우 다음 두 가지 이유로 인하여 스텝길이를 결정하는 스텝길이결정 문제를 정의하기 어렵다.

첫째, 각 단계 별로 목적함수를 감소하는 방향벡터를 결정하기 위해서는 확률배정문제를 풀어야 한다. 프로빗 네트워트 배정을 사용하는 경우, 링크통행량을 Monte Carlo 모의실험으로 계산하므로 링크통행량을 정확히 계산하는 것이 아니고 단지 추정할 뿐이다. 모의실험의 횟수와 상관없이 추정한 링크통행량은 단지 추정치에 불과하다. 이 경우 링크통행량 벡터 $\mathbf{x}^n$와 $\mathbf{y}^n$ 둘 다 확률변수이고 방향 벡터 자체가 확률변수이다. 따라서 특정 단계에서 계산한 목적함수를 감소하는 방향벡터가 실제로는 목적함수를 감소시키는 방향이 아닐 수 있다.

두 번째 어려움은 목적함수 자체를 계산하기 어렵기 때문에 최적의 스텝길

이를 계산하기 어렵다. SUE 최적화 문제의 목적함수는 각 기종점간의 기대인지통행시간 $S_{rs}[\mathbf{c}^{rs}(\mathbf{x})]$을 포함한다.

$$S_{rs}[\mathbf{c}^{rs}(\mathbf{x})] = E[\min_{k \in \mathcal{K}_{rs}} \{C_k^{rs}\} | \mathbf{c}^{rs}(\mathbf{x})] \tag{10.38}$$

기대인지통행시간을 계산하기 위해서는 모든 경로를 알아야 하고, 따라서 모든 경로를 열거해야 한다. 프로빗모형의 경우 목적함수는 모의실험을 통해서만 추정되므로, 목적함수 자체가 확률변수가 된다. 이러한 경우, 스텝길이결정이 불가능할 수도 있다. 다음 절에서는 이러한 어려움에도 불구하고 SUE 최적화 문제에 적용하는 알고리즘을 소개한다.

10.3 MSA

본 절에서 소개하는 알고리즘은 순차적평균법(Method of Successive Averages, MSA)알고리즘으로 부른다. 이 알고리즘에서는 방향벡터 방향으로 움직이는 스텝길이가 사전에 정해진다. 즉 목적함수의 현재 값은 스텝길이에 영향을 미치지 않고, 스텝길이의 수열 $\alpha_1, \alpha_2, \ldots$이 정해져 있다.

이 알고리즘이 수렴하기 위해서는 목적함수는 이차도함수가 연속함수이어야 하고 (twice continuously differentiable), 가능해역의 한 점에서만 일차도함수가 0이 되어야 한다. 또한 알고리즘의 탐색방향 벡터는 목적함수를 감소하는 방향벡터이어야 하고, 스텝길이의 수열 α_n는 다음의 두 가지 조건을 만족해야 한다.

$$\sum_{n=1}^{\infty} \alpha_n = \infty \tag{10.39a}$$

$$\sum_{n=1}^{\infty} \alpha_n^2 < \infty \tag{10.39b}$$

목적함수와 알고리즘이 위의 조건을 만족하는 경우 알고리즘은 최소해로 수렴한다. 또한 방향벡터가 확률변수로 $\mathbf{D}^n$이지만, $E[\mathbf{D}^n]$이 목적함수를 감소하는 방향벡터인 경우, 알고리즘은 수렴한다. 즉 방향벡터가 평균적으로 목적함수를 감소하는 방향벡터인 경우에도 알고리즘은 수렴한다. 목적함수를 감소하는 방향벡터가 사전에 알려져 있지 않은 경우, 이 벡터의 불편(unbiased) 추정치를 대신 사용할 수 있다.

스텝길이 중 위의 조건을 만족하는 경우는 다음과 같은 스텝길이이다.

$$\alpha_n = \frac{1}{n} \tag{10.40}$$

이러한 스텝길이 수열을 사용할 경우 알고리즘의 단계 n에서의 링크통행량은 다음과 같이 계산한다.

$$\mathbf{x}^{n+1} = \mathbf{x}^n + \frac{1}{n}\mathbf{d}^n \tag{10.41}$$

또한 식 (10.37b)에서 정의한 $\mathbf{d}^n$을 사용하는 경우 다음과 같이 링크통행량을 계산한다.

$$\mathbf{x}^{n+1} = \mathbf{x}^n + \frac{1}{n}(\mathbf{y}^n - \mathbf{x}^n) \tag{10.42}$$

여기에서 $\mathbf{y}^n = \sum_{rs} q_{rs}\mathbf{P}^{rs^n} \cdot \mathbf{\Delta}^{rs^T}$이다. 식 (10.42)에 의하면 각 단계의 해는 이전 단계 벡터 $\mathbf{y}$들의 평균값이 됨을 의미한다. 즉,

$$\begin{aligned}
\mathbf{x}^{n+1} &= \frac{n-1}{n}\mathbf{x}^n + \frac{1}{n}\mathbf{y}^n \\
&= \frac{n-1}{n}\frac{n-2}{n-1}\mathbf{x}^{n-1} + \frac{n-1}{n}\frac{1}{n-1}\mathbf{y}^{n-1} + \frac{1}{n}\mathbf{y}^n \\
&= \frac{n-2}{n}\mathbf{x}^{n-1} + \frac{1}{n}(\mathbf{y}^{n-1} + \mathbf{y}^n) \\
&= \frac{1}{n}\sum_{l=1}^{n}\mathbf{y}^l
\end{aligned} \tag{10.43}$$

따라서 이 알고리즘을 순차적평균법(method of successive approximation)으로 부른다.

확률적 탐색방향벡터 $\mathbf{D}^n$때문에 MSA알고리즘은 추가적인 요건을 만족해야 한다. 알고리즘은 최적해에 수렴해야 하고 동시에 확률적 탐색방향벡터를 사용하기 때문에 발생하는 에러가 감소되어야 한다.

식 (10.39a)에 의해 알고리즘이 최소해에 도달하기 이전에 종료하는 일은 발생하지 않는다. α_n이 단조감소(monotone decreasing)하지만, 알고리즘은 각 단계 m에서 현재의 해 $\mathbf{x}^m$에서 어떤 가능해에도 수렴할 수 있는 잠재능력을 갖고 있다. 식 (10.39a)에 따르면 모든 양수 m에 대하여 다음 식이 성립한다.

$$\sum_{n=m}^{\infty} \alpha_n = \infty \tag{10.44}$$

만약에 사용한 스텝길이 수열이 $\alpha_n = 1/n^2$인 경우 위 조건을 만족하지 않는다. 이 경우 알고리즘이 조기종료할 수 있다. 조건 (10.39)를 만족하는 수열은 $\alpha_n = 1/n$ 혹은 $\alpha_n = \frac{k_1}{k_2+n}$이 가능하다. 여기에서 k_1은 양의 정수, k_2는 비음정수이다.

만약에 탐색방향벡터가 확률적인 경우, 단계 n에서의 통행량벡터 역시 확률변수이다. 식 (10.39b)은 단계가 진행됨에 따라 통행량벡터의 분산이 감소함을 의미한다. $\mathbf{x}^n$의 확률적인 요소는 식 (10.36)에 포함되었다. 단계 n에서의 보조통행량 벡터를 확률변수 Y_a^n, $\forall a$로 표시하면, 식 (10.43)에 의해, $\mathbf{X}^n$의 각 항의 분산 $\text{var}(X_a^n)$은 다음과 같이 주어진다.

$$\text{var}(X_a^n) = \frac{1}{(n-1)^2} \sum_{l=1}^{n-1} \text{var}(Y_a^l) \tag{10.45}$$

여기에서 $\text{var}(Y_a^l)$는 단계 l의 보조링크변수 Y_a^l의 분산이다. Monte Carlo 모의실험에서는 링크의 인지통행시간을 샘플링하여 기종점별로 인지통행시간이 가장 작은 경로에 전량배정하여 $\{Y_a^n\}$를 계산한다. 그러므로, 보조통행량벡터의 하한은 0이고 상한은 총 O/D행렬의 합으로 설정할 수 있다. 따라서 Y_a^l의 분산 σ^2은 유한한 값을 갖는다. 그러므로 식 (10.45)에 의해

$$\mathrm{var}(X_a^n) < \frac{1}{(n-1)^2}\sum_{l=1}^{n-1}\sigma^2 \tag{10.46}$$

식 (10.46)의 오른쪽 항은 n이 커짐에 따라 0으로 수렴한다, 즉 알고리즘이 진행되는 동안 분산은 0으로 수렴한다.

위에서 언급한 대로 탐색방향벡터가 평균적으로 목적함수를 감소하는 방향벡터이면 이 알고리즘은 수렴한다. 경로선택확률이 Monte Carlo 모의실험으로 계산되는 경우, 확률배정은 탐색방향벡터가 불편추정치가 됨을 보장한다.

MSA알고리즘을 정리하면 다음과 같다.

단계 1 (초기화). 초기 링크통행시간 $\{t_a^0\}$에 따라 확률통행배정을 한다. 결과로는 링크통행량 $\{x_a^1\}$가 정해지고, $n=1$로 정한다.

단계 2 (링크비용 갱신). $t_a^n = t_a(x_a^n),\ \forall a$

단계 3 (감소방향 결정). 현재의 링크통행시간 $\{t_a^n\}$에 확률통행배정을 한다. 이 때 보조링크통행량 $\{y_a^n\}$이 결정된다.

단계 4 (링크통행량 갱신). 새로운 링크통행량을 $x_a^{n+1} = x_a^n + \frac{1}{n}(y_a^n - x_a^n)$

단계 5 (종료조건 검사). 알고리즘이 수렴했으면 종료하고 그렇지 않은 경우, $n=n+1$로 하고 단계 2로 돌아간다.

이 알고리즘은 어느 확률배정 모형에도 사용할 수 있다. 보조링크통행량은 단계 2에서 구해진다.

$$y_a^n = \sum_{rs}\sum_k q_{rs}P_k^{rs}(\mathbf{c}^{rs^n})\delta_{ak}^{rs} \tag{10.47}$$

만약에 인지링크통행시간이 정규분포를 하는 경우, 식 (10.47)의 $\{P_k^{rs}(\mathbf{c}^{rs^n})\}$ 은 프로빗모형을 따르게 된다. $\{P_k^{rs}(\mathbf{c}^{rs^n})\}$가 로짓모형을 따르는 경우에는 STOCH 알고리즘을 사용하여 계산할 수 있다. 또한 이 알고리즘은 확정적 통행배정모형에서도 사용할 수 있다. 이 경우 $\{y_a\}$는 전량배정을 통해 계산된다. 스텝길이가 최적화되어 있지 않고 사전에 정해진 경우이지만, MSA 알고리즘은 최적해에 수렴한다. 하지만 수렴속도는 Frank-Wolfe 알고리즘에 비해 상당히 느리다.

알고리즘의 초기해는 자유통행속도에 의해 계산될 수 있다. 즉, $t_a^0 = t_a(0)$로 놓고 전량배정을 실시하면 가능해를 구할 수 있다. MSA 알고리즘의 경우 Frank-Wolfe 알고리즘에서 사용한 종료기준과 달리 알고리즘이 사전에 정한 최대단계에 도달하면 종료한다.

MSA알고리즘은 확률적 탐색방향벡터를 사용하고 고정된 스텝길이를 사용하기 때문에, Frank-Wolfe 알고리즘과 달리 단조적 수렴을 하지 않는다. 대신에 지난 m단계동안의 평균링크통행량

$$\begin{aligned}\overline{x}_a^n &= \frac{1}{m}(x_a^n + x_a^{n-1} + \cdots + x_a^{n-m+1}) \\ &= \frac{1}{m}\sum_{l=0}^{m-1} x_a^{n-l} \end{aligned} \tag{10.48}$$

을 관찰하여 그 값이 안정된 상태에 도달하면 알고리즘을 종료할 수 있다. 여기에서 파라미터 m은 사전에 고정되어 있다. 일반적으로 $m = 3$이면 충분하다. 예를 들어 다음과 같은 종료조건을 사용할 수 있다.

$$\frac{\sqrt{\sum_a (\overline{x}_a^{n+1} - \overline{x}_a^n)^2}}{\sum_a \overline{x}_a^n} \leq \kappa \tag{10.49}$$

혹은 목적함수의 이전 단계들의 평균값도 종료기준으로 사용가능하다.

10.4 Fisk 모형

로짓기반 확률통행배정문제와 동일한 최적화문제는 Fisk(1980)에 의해 소개되었다. 로짓기반 확률통행배정과 동등한 Fisk의 최적화문제는 다음과 같다.

$$\min z(\mathbf{f}) = \frac{1}{\theta}\sum_{rsk} f_k^{rs} \ln f_k^{rs} + \sum_a \int_0^{x_a} t_a(\omega)d\omega \qquad (10.50a)$$

$$\text{subject to} \quad \sum_k f_k^{rs} = q_{rs} \quad \forall r, s \qquad (10.50b)$$

$$f_k^{rs} > 0 \quad \forall k, r, s \qquad (10.50c)$$

여기에서 링크통행량 $x_a = \sum_{rs}\sum_k f_k^{rs}\delta_{ak}^{rs}$, $a \in A$로 정의한다. 여기에서 링크 a가 경로 k에 속하는 경우 $\delta_{ak}^{rs} = 1$, 그렇지 않은 경우 $\delta_{ak}^{rs} = 0$이 된다. 경로 $k \in P_{rs}$이고, P_{rs}는 기종점 (r, s)를 연결하는 경로들의 집합이다.

목적함수의 첫 번째 항은 엔트로피 항으로 부르고 두 번째 항은 고정수요 통행배정의 목적함수와 같다. 엔트로피 항에 $\ln f_k^{rs}$가 있으므로 $f_k^{rs} > 0$이 제약식으로 자동적으로 포함된다. 위 문제에 대한 라그랑지안 함수를 다음과 같이 정의한다.

$$L(f, u) = \frac{1}{\theta}\sum_{rsk} f_k^{rs} \ln f_k^{rs} + \sum_a \int_0^{x_a} t_a(\omega)d\omega + \sum_{rs} u_{rs}(q_{rs} - \sum_k f_k^{rs}) \quad (10.51)$$

식 (10.51)를 변수 f_k^{rs}에 대하여 미분하여 구한 KKT 최적조건은 다음과 같다.

$$\frac{\partial L(\cdot)}{\partial f_k^{rs}} = 0 \quad \forall k, r, s \qquad (10.52a)$$

$$\sum_k f_k^{rs} = q_{rs} \quad \forall r, s \qquad (10.52b)$$

$$f_k^{rs} > 0 \quad \forall k, r, s \tag{10.52c}$$

식 (10.52a)의 일차미분은 다음과 같이 계산한다.

$$\begin{aligned} \frac{\partial L(\cdot)}{\partial f_k^{rs}} &= \frac{1}{\theta}(\ln f_k^{rs} + 1) + \sum_a t_a(x_a)\delta_{ak}^{rs} - u_{rs} \\ &= \frac{1}{\theta}(\ln f_k^{rs} + 1) + c_k^{rs} - u_{rs} \end{aligned} \tag{10.53}$$

식 (10.53)를 f_k^{rs}에 대하여 풀면

$$\ln f_k^{rs} = \theta(u_{rs} - c_k^{rs}) - 1 \tag{10.54a}$$

따라서 양변을 지수함수를 취하여

$$f_k^{rs} = e^{\theta(u_{rs} - c_k^{rs}) - 1} \tag{10.54b}$$

$$= e^{\theta u_{rs} - 1} e^{-\theta c_k^{rs}} \tag{10.54c}$$

경로통행량 f_k^{rs}를 모든 경로에 대하여 합하면

$$\sum_k f_k^{rs} = e^{\theta u_{rs} - 1} \sum_k e^{-\theta c_k^{rs}} \tag{10.55}$$

가 되고 식 (10.54c)을 식 (10.55)으로 나누면 경로 k를 선택하는 확률은 다음과 같은 로짓기반 확률통행배정식 (9.2)와 동일한 식이 된다.

$$P_k^{rs} = \frac{e^{-\theta c_k^{rs}}}{\sum_l e^{-\theta c_l^{rs}}} \tag{10.56}$$

Fisk 모형의 경우, 기종점을 연결하는 모든 경로를 사전에 찾아야 한다.

하지만 네트워크의 크기가 커짐에 따라 모든 경로를 열거하는 것은 불가능한 일이다. [45]에는 MSA알고리즘과 STOCH 알고리즘을 결합하여 Fisk 모형을 푸는 알고리즘을 제시하였다. STOCH 알고리즘을 사용하므로, 알고리즘 내부에서 경로를 열거할 필요가 없다. 알고리즘의 k번째 단계는 모든 링크에 대하여

$$x_a^{k+1} = x_a^k + \alpha_k d^k \quad \forall a \tag{10.57}$$

여기에서 $\alpha_k = 1/k$, $d^k = y_a^k - x_a^k$이고, 보조링크통행량 y_a^k는 다음과 같이 계산된다.

$$y_a^k = \sum_{rs} \sum_k q_{rs} \frac{e^{-\theta c_k^{rs^k}}}{\sum_m e^{-\theta c_m^{rs^k}}} \delta_{ak}^{rs} \tag{10.58}$$

y_a^k는 링크비용을 $t_a(x_a^k)$로 놓고 STOCH 알고리즘을 적용하여 계산하므로 경로를 사전에 열거할 필요가 없다.

Damberg et al. (1996)에서 지적한 바와 같이 알고리즘의 단계 k에서 계산한 보조링크통행량 벡터 (10.58)는 (10.50)의 목적함수를 감소하는 방향벡터이다. 이전 단계 $k-1$에서 계산한 경로통행량 $f_k^{rs^{k-1}}$이 주어진 경우, 단계 k에서 계산하는 경로통행량은 다음 부문제의 최적해이다.

$$\min \quad \tilde{z}(\mathbf{f}^k) = \frac{1}{\theta} \sum_{rsk} f_k^{rs} \ln f_k^{rs} + \sum_a t_a^k y_a \tag{10.59a}$$

$$\text{subject to} \quad \sum_k f_k^{rs} = q_{rs} \quad \forall r, s \tag{10.59b}$$

$$f_k^{rs} > 0 \quad \forall k, r, s \tag{10.59c}$$

여기에서 $t_a^k = t_a(x_a^{k-1})$, $x_a^{k-1} = \sum_{rs} \sum_k \delta_{ak}^{rs} f_k^{rs^{k-1}}$이고 $y_a = \sum_{rs} \sum_k \delta_{ak}^{rs} f_k^{rs}$이다.

문제 (10.59)의 KKT최적조건은 다음의 라그랑지안 함수 $L(\mathbf{f}, \mathbf{u})$

$$L(\mathbf{f}, \mathbf{u}) = \frac{1}{\theta}\sum_{rsk} f_k^{rs} \ln f_k^{rs} + \sum_a t_a^k y_a + \sum_{rs} u_{rs}(q_{rs} - \sum_k f_k^{rs}) \qquad (10.60)$$

의 stationary point로서 다음 조건과 동일하다.

$$\frac{1}{\theta}\ln f_k^{rs} + 1 + \sum_a \delta_{ak}^{rs} t_a^k - u_{rs} = 0, \quad \forall k, r, s \qquad (10.61)$$

여기에서 $c_k^{rs^k} = \sum_a \delta_{ak}^{rs} t_a^k$로 놓고, 식 (10.61)을 f_k^{rs}에 대하여 풀면 다음 식이 성립한다.

$$f_k^{rs} = \exp(-\theta(c_k^{rs^k} - 1 + u_{rs})) \qquad (10.62a)$$

이고

$$\sum_k f_k^{rs} = \exp(-\theta + \theta u_{rs}) \sum_k \exp(-\theta c_k^{rs^k}) \qquad (10.62b)$$

경로 k를 선택할 확률은 다음과 같이 주어진다.

$$\frac{f_k^{rs}}{\sum_l f_l^{rs}} = \frac{\exp(-\theta c_k^{rs^k})}{\sum_l \exp(-\theta c_l^{rs^k})} \qquad (10.63)$$

문제 (10.59)은 문제 (10.50)을 부분선형화한 모형이다. 두 문제간의 관계는 $\nabla z(\mathbf{f}) = \nabla \tilde{z}(\mathbf{f})$이다. 또한 부문제 (10.59)은 볼록최적화문제이다. 이전 단계 $k-1$의 경로통행량 벡터 $\mathbf{f}^{k-1} \neq \mathbf{f}^k$인 경우, $\mathbf{f}^{k-1}$이 볼록최적화문제 (10.59)의 최적해가 아니므로,

$$\nabla z(\mathbf{f}^k)^T(\mathbf{f}^{k-1} - \mathbf{f}^k) < 0 \qquad (10.64)$$

가 성립한다. 따라서 이전단계 $k-1$의 경로해와 부문제 (10.59)의 최적해간의 차이 $\mathbf{f}^{k-1} - \mathbf{f}^{k}$ 는 목적함수를 감소하는 방향벡터이다.

참고문헌

[1] *도로 철도 부문사업의 예비타당성조사 표준지침, 수정보완 연구, 제 5판.* 한국개발연구원, 공공투자관리센터, 2008.

[2] 2008년 전국 지역간 od 및 네트워크 설명자료. Technical report, 국가교통DB센터, 2009.

[3] *국가교통DB최종보고서, 제1권 요약보고서.* 국가교통DB센터, 2009.

[4] M. Abdulaal and L. J. LeBlanc. Continuous equilibrium network design models. *Transportation Research Part B: Methodological*, 13(1):19–32, 1979.

[5] H. Bar-Gera. Transportation test problems. `http://www.bgu.ac.il/~bargera/tntp/`.

[6] H. Bar-Gera. Origin-based algorithm for the traffic assignment problem. *Transportation Science*, 36(4):398, 2002.

[7] M. S. Bazaraa, J. J. Jarvis, and H. D. Sherali. *Linear Programming and Network Flows.* John Wiley and Sons, Inc., New York, N. Y., 2nd edition, 1990.

[8] M. S. Bazaraa, H. D. Sherali, and C. M. Shetty. *Nonlinear Programming: Theory and Algorithms*. John Wiley and Sons, Inc., New York, N. Y., 2nd edition, 1993.

[9] M. G. H. Bell. Stochastic user equilibrium assignment in networks with queues. *Transportation Research Part B: Methodological*, 29(2):125–137, 1995.

[10] M. G. H. Bell and Y. Iida. *Transportation network analysis*. J. Wiley, 1997.

[11] M. G. H. Bell, C. M. Shield, F. Busch, and G. Kruse. A stochastic user equilibrium path flow estimator. *Transportation Research Part C*, 5(3-4):197–210, 1997.

[12] M. E. Ben-Akiva and S. R. Lerman. *Discrete choice analysis: theory and application to travel demand*. The MIT Press, 1985.

[13] S. P. Boyd and L. Vandenberghe. *Convex optimization*. Cambridge University Press, 2004.

[14] P. Brucker. An O (n) algorithm for quadratic knapsack problems. *Operations Research Letters*, 3(3):163–166, 1984.

[15] M. Chen and A. S. Alfa. Algorithms for solving Fisk's stochastic traffic assignment model. *Transportation Research Part B: Methodological*, 25(6):405–412, 1991.

[16] S. Dafermos. An Extended Traffic Assignment Model with Applications to Two-Way Traffic. *Transportation Science*, 5(4):366–389, 1971.

[17] S. Dafermos. Traffic Equilibrium and Variational Inequalities. *Transportation Science*, 14(1):42–54, 1980.

[18] S. Dafermos. Relaxation Algorithms for the General Asymmetric Traffic Equilibrium Problem. *Transportation Science*, 16(2):231–240, 1982.

[19] C. F. Daganzo. *Multinomial probit: The theory and its application to demand forecasting*. Academic Press New York: NY, 1979.

[20] C. F. Daganzo and Y. Sheffi. On stochastic models of traffic assignment. *Transportation Science*, 11(3):253, 1977.

[21] O. Damberg, J. T. Lundgren, and M. Patriksson. An algorithm for the stochastic user equilibrium problem. *Transportation Research Part B*, 30(2):115–131, 1996.

[22] R. B. Dial. A probabilistic multipath traffic assignment model which obviates path enumeration. *Transportation Research/UK/*, 5, 1971.

[23] R. B. Dial. A path-based user-equilibrium traffic assignment algorithm that obviates path storage and enumeration. *Transportation Research Part B: Methodological*, 40(10):917–936, 2006.

[24] S. Erlander and N. Stewart. *The gravity model in transportation analysis - theory and extensions*. VSP BV, 1990.

[25] S. P. Evans. Derivation and analysis of some models for combining trip distribution and assignment. *Transportation Research*, 10(1):37–57, 1976.

[26] C. Fisk. Some developments in equilibrium traffic assignment. *Transportation Research Part B: Methodological*, 14(3):243–255, 1980.

[27] M. Florian and Y. Chen. A coordinate descent method for the bi-level O–D matrix adjustment problem. *International Transactions in Operational Research*, 2(2):165–179, 1995.

[28] M. Florian, J. Guálat, and H. Spiess. An efficient implementation of the Partan variant of the linear approximation method for the network equilibrium problem. *Networks*, 17(3):319–339, 1987.

[29] M. Florian and D. Hearn. Network equilibrium models and algorithms. In *Network Models*, Handbooks in OR & MS, vol. 8, pages 485–550. Elsevier, 1995.

[30] R. Gallager. A minimum delay routing algorithm using distributed computation. *IEEE Transactions on Communications*, 25(1):73–85, 1977.

[31] N. H. Gartner. Optimal Traffic Assignment with Elastic Demands: A Review Part I. Analysis Framework. *Transportation Science*, 14(2):174–191, 1980a.

[32] N. H. Gartner. Optimal Traffic Assignment with Elastic Demands: A Review Part II. Algorithmic Approaches. *Transportation Science*, 14(2):192–208, 1980b.

[33] D. W. Hearn, S. Lawphongpanich, and J. A. Ventura. Finiteness in restricted simplicial decomposition. *Operations Research Letters*, 4(3):125 – 130, 1985.

[34] D. W. Hearn, S. Lawphongpanich, and J. A. Ventura. Finiteness in restricted simplicial decomposition. *Operations Research Letters*, 4(3):125–130, 1985.

[35] D. W. Hearn, S. Lawphongpanich, and J. A. Ventura. Restricted simplicial decomposition: Computation and extensions. In *Computation Mathematical Programming*, volume 31 of *Mathematical Programming Studies*, pages 99–118. Springer Berlin Heidelberg, 1987.

[36] M. Held, P. Wolfe, and H. P. Crowder. Validation of subgradient optimization. *Mathematical programming*, 6(1):62–88, 1974.

[37] R. Helgason, J. Kennington, and H. Lall. A polynomially bounded algorithm for a singly constrained quadratic program. *Mathematical Programming*, 18(1):338–343, 1980.

[38] H.-J. Huang and M. G. H. Bell. A study on logit assignment which excludes all cyclic flows. *Transportation Research Part B: Methodological*, 32(6):401 – 412, 1998.

[39] T. Larsson and M. Patriksson. Simplicial Decomposition with Disaggregated Representation for the Traffic Assignment Problem. *Transportation Science*, 26(1):4–17, 1992.

[40] S. Lawphongpanich and D. W. Hearn. Simplical decomposition of the asymmetric traffic assignment problem. *Transportation Research Part B: Methodological*, 18(2):123–133, 1984.

[41] T. Leventhal, G. Nemhauser, and L. Trotter Jr. A column generation algorithm for optimal traffic assignment. *Transportation Science*, 7(2):168, 1973.

[42] J. d. D. Ortúzar and L. G. Willumsen. *Modeling Transport*. John Wiley & Sons, 3rd edition, 2001.

[43] M. Patriksson. *The traffic assignment problem: models and methods.* VSP Intl Science, 1994.

[44] M. Patriksson. Sensitivity Analysis of Traffic Equilibria. *Transportation Science*, 38(3):258–281, 2004.

[45] W. B. Powell and Y. Sheffi. The convergence of equilibrium algorithms with predetermined step sizes. *Transportation Science*, 16(1):45–55, 1982.

[46] Y. Sheffi. *Urban Transporation Networks: Equilibrium Analysis with Mathematical Programming Methods.* Prentice-Hall, Englewood Cliffs, N.J., 1985.

[47] Y. Sheffi and W. Powell. A comparison of stochastic and deterministic traffic assignment over congested networks. *Transportation Research Part B: Methodological*, 15(1):53–64, 1981.

[48] Y. Sheffi and W. B. Powell. An algorithm for the equilibrium assignment problem with random link times. *Networks*, 12(2):191–207, 1982.

[49] H. Spiess. A maximum likelihood model for estimating origin-destination matrices. *Transportation Research Part B: Methodological*, 21(5):395–412, 1987.

[50] H. Spiess. A gradient approach for the OD matrix adjustment problem. Technical report, 1990.

[51] H. Spiess and M. Florian. Optimal strategies: A new assignment model for transit networks. *Transportation Research Part B: Methodological*, 23(2):83–102, 1989.

찾아보기

통행배정 Traffic Assignment

초판인쇄 2011년 2월 7일
초판발행 2011년 2월 10일

지은이 박태형

펴낸이 김대근

펴낸곳 숭실대학교 출판부
서울 동작구 상도동 511

등 록 제14-2호(1982.1.25)
TEL 02-820-0771~2
FAX 02-817-5297
http://press.ssu.ac.kr

찍은곳 한컴인쇄정보
TEL 02-2274-3394~5
FAX 02-2274-3397

값 12,000원

ISBN 978-89-7450-260-7 93530